実践 統合自然地理学
― あたらしい地域自然のとらえ方 ―

統合自然地理学研究会
岩田修二 責任編集

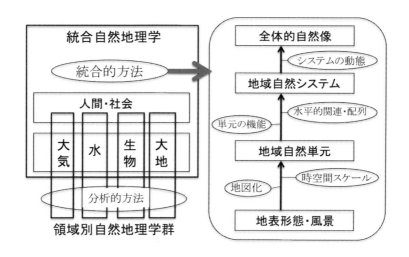

古今書院

＊本扉の図：統合自然地理学の概念図（岩田原図　第 1 章参照）

Case Studies in Integrated Physical Geography:
New Approaches Understanding Regions

Edited by Research Group for Integrated Physical Geography
Editor in Charge: Shuji IWATA

Kokon-Shoin Publisher, Tokyo, 2018

はじめに

- ●この本は統合自然地理学の研究事例の報告集である．
- ●統合自然地理学とは，気候学や地形学，水文学，植生地理学などの研究領域に細分化されない（研究領域ごとの継ぎ目のない）シームレスな，研究領域俯瞰型の自然地理学のことである．
- ●統合自然地理学とはどのようなものであるか，統合自然地理学の研究とはどのようなものなのかを知るための手引きである．
- ●大学学部レベルの自然地理学系の授業（講義やセミナー）のための副読本・参考書として執筆・刊行された．

21世紀になって，地球環境問題が切迫した社会問題になり，自然災害が頻発し，地域の自然や環境を総合的・俯瞰的にとらえることの重要性に多くの人が気づいた．それで，「総合科学としての自然地理学」と「その俯瞰的見方」の重要性が再評価されるようになった．たとえば雑誌「科学」では2015年秋から自然地理の俯瞰的見方をアッピールするエッセイが連載されている．

そこで強調されるのは，気候学，地形学などの細かな領域にとらわれない俯瞰的視点である．そのような自然地理学を「統合自然地理学」という．

しかしながら，統合自然地理学の実際の姿は，地理学界の中でもほとんど理解されていない．そこで，統合自然地理学の研究の実例や経験をまとめたのが，この本である．ここには，細かな研究領域別ではない総合的な研究や，複数の領域にまたがった研究の実例，統合自然地理学をおこなう時の方法や注意すべき点の解説，自然地理学における経験談（エッセイ）が書かれている．

なお，統合自然地理学の原理と方法をもっとくわしく知るためには，岩田修二著『統合自然地理学』東京大学出版会，2018年がある．

この本をまとめるきっかけになったのは，2017年3月4～5日に岩田の自宅がある長野県青木村の田沢温泉で開かれた「統合自然地理学研究会」である．この研究会で報告され議論された研究を中心にして本書はまとめられた．統合自然地理学研究会を企画・開催したのは，いずれも東京都立大学の卒業生である苅谷

愛彦・奈良間千之・福井幸太郎・青山雅史・小森次郎である．15 の研究発表（報告）と総合討論がおこなわれた．

「統合自然地理学研究会」研究発表プログラム
＜山岳＞　司会：縫村崇行
　苅谷愛彦：自然地理学徒の見たペルー・アンデス高地
　奈良間千之：中央アジアの環境史研究
　福井幸太郎：統合地理学とカクネ里雪渓学術調査団
　水野一晴：総合自然地理学としてのケニア山研究
＜災害＞　司会：山田周二
　青山雅史：統合自然地理学と近年の災害研究
　小森次郎：ポスト 3.11 の浜通りを再考するための地理学 / 地学的俯瞰の必要性
　小松哲也：日本列島の地質環境の長期安定性評価に関する研究
＜人間活動＞　司会：三浦英樹
　手代木功基：人間活動と密接に関わる環境を対象とした自然地理学
　中井達郎：自然環境保全におけるシームレス自然地理学的視点の重要性
　森島　済：熱帯モンスーン域の水資源問題に対する複合的視点
＜極地＞＜生物＞　司会：水野一晴
　三浦英樹：南極・昭和基地周辺における統合自然地理学の試み
　高岡貞夫：生物に関連した自然地理学研究
＜観測手法・教育＞　司会：小松哲也
　塚本すみ子：日本アルプスの侵食速度と熱年代
　縫村崇行：統合自然地理学への GIS の活用
　山田周二：統合自然地理学と地形学と地形
＜総合討論＞　司会：苅谷愛彦
　岩田修二：話題提供：シームレス自然地理学〈実践編〉の出版構想
　討論：出版に向けて

　上記の発表・報告者以外にも，杉本宏之，宮崎裕子，山田和芳，興梠千春，小松美加，関 秀明のみなさんが参加された．

謝辞

　2017年3月の統合自然地理学研究会を企画・開催された幹事のみなさま（苅谷愛彦・奈良間千之・福井幸太郎・青山雅史・小森次郎）に感謝いたします．

　上記の研究会に参加され，その報告の内容に注目され，本書の編集・出版の労をとってくださった古今書院の関 秀明氏にお礼もうしあげます．

2018年4月18日　飄臥亭にて
責任編集：岩田修二

本書での文章表記の原則

a 副詞・接続詞は，なるべくひらがなで表記する．
b 区切り符号（広義の句読点）としては，カンマ［，］ピリオド［．］（ともに全角）を用いる．
c ［・］は単語の並列の場合に用い，複合的な単語の区切りには用いない．
d 複合的な単語（とくに固有名詞）の区切りには［＝］（つなぎ）を用いる．例：セネキオ＝ケニオフィトム
e ［々］などの反復音符は使わず，人々→人びと，様々→さまざま，少々→少少，時々刻々→時時刻刻などとする．
f 1つ，2つ，3つは使わず，一つ，二つ，三つを使う．
g 数字は西暦年次を除いて3桁ごとにカンマを入れる．
h 見る，持つ，言うなどは，目で見る，手で持つ，口で言うなど動作を直接あらわす場合だけに限定し，それ以外は仮名書きにする．
i 知るは知覚動作に限定する．例：かも知れない→かもしれない．

付記

・各論文の図（写真も）は，引用や断りのない場合は著者によるものである．
・著者紹介の似顔絵は興梠千春さんによる．
・各章の本文末尾の《考えてみよう》の文章は，各著者または編集者による．

目 次

はじめに　i

第1章　統合自然地理学とはなにか　………………………… 岩田修二　1

　コラム1　統合・総合・横断・融合・シームレス　……………… 岩田修二　9

第2章　地形からみた生態系研究：地すべりがつくる自然の豊かさの解明
　　　　……………………………………………………………… 高岡貞夫　12

第3章　ケニア山の氷河の後退と植生の遷移に関する総合自然地理学
　　　　………………………………………………………… 水野一晴　27

第4章　トチノキ巨木林はどんな場所に成立しているのか？：
　　　　人為影響下の植生を対象とした統合自然地理学
　　　　………………………………………………………… 手代木功基　45

　コラム2　地形分類図と現存植生図の双方を作成することの意義
　　　　………………………………………………………… 磯谷達宏　58

第5章　アンデスの地形と人びとの暮らし：高原と峡谷　…… 苅谷愛彦　62

第6章　アッサムヒマラヤ，ジロ盆地における土地改変　…… 宮本真二　74

第7章　中央ユーラシアの環境史：
　　　　地球研イリ＝プロジェクトによる統合研究の進め方
　　　　　………………………………………… 奈良間千之・渡邊三津子　88

第8章　統合自然地理学の実践の場となる地層処分技術の研究開発
　　　　…………………………………………………… 小松哲也　105

　コラム3　地層処分に関する「科学的特性マップ」……… 岩田修二　122

第9章　液状化被害と統合自然地理学 ………………… 青山雅史　127

第10章　ラダークヒマラヤ，ドムカル谷での氷河湖決壊洪水の
　　　　被害軽減にむけた住民参加型ワークショップ
　　　　　………………………………………… 池田菜穂・奈良間千之　141

第11章　一ノ目潟年縞堆積物による環境史研究 ……… 山田和芳　157

　エッセイ1　イギリスとドイツでの年代測定研究生活 …… 塚本すみ子　168

第12章　地形用語の分かりにくさ：
　　　　統合自然地理学における地形用語の問題点 …… 山田周二　177

　エッセイ2　自然地理学の編集とスケッチ ……………… 小松美加　187

第13章 【調査】カクネ里雪渓学術調査団による統合自然地理学的調査
　　　　　　………………………………………… 福井幸太郎・飯田 肇　191

第14章 【調査】生徒と共に見た三宅島の噴火後の自然
　　　　　　………………………………………………………… 川澄隆明　203

第15章 【調査】衛星測位技術GNSSによる氷河測量 …… 縫村崇行　214

巡検案内　東日本大震災を把握し共有するための地理学・地学巡検
　　　　　　………………………………………………………… 小森次郎　225

索　引　　233
執筆者一覧　240

第1章　統合自然地理学とはなにか

岩田 修二

> まず，統合自然地理学とはなにかを理解しよう．統合自然地理学を提唱している先行研究を紹介する．統合自然地理学は最終的には地球システム理解のための研究であり，領域俯瞰的な研究にならざるをえない．

キーワード：研究統合化，領域俯瞰的研究，人為的影響，環境地理学，フューチャー＝アース

1　はじめに

　数年前に著者は，現在，大学で教育されている自然地理学の問題点を指摘し，「自然を総合的にとらえる自然地理学」の必要性を提唱した（岩田 2015）．さらに，複数の研究領域を俯瞰する「領域俯瞰型の自然地理学」こそが自然地理学の中心になるべきであると主張した（岩田 2016）．その根底にあるのは，自然は連続しており，つなぎ目も縫目もない（シームレスである）から，それを研究するときには研究領域ごとに分けてはいけないという考えである．地球表層の自然を構成している諸相，大気，水，生物（人類も），土壌，地形，地質もすべてがつながっており，いずれが欠けても地球の自然は成りたたない．したがって，まとまりのある全体としての自然を理解しようとすれば研究領域ごとの境目などに関係なく，研究領域を広く跨ぐように研究しなければならない．そのような自然地理学を「統合自然地理学」と名づけて教科書『統合自然地理学』を書いた（岩田 2018）．この本の内容の概念は本扉裏に図示した．

統合自然地理学の「統合」には，「領域横断」「領域俯瞰」「領域融合」「シームレス」「総合」などの語も使えるのだが「統合」を選んだ（コラム1参照）．ここで「統合」というのは英語の"integrated"あるいは"integration"にあたる．「統合」を選んだ理由は，先行研究ですでに〔統合自然地理学〕や〔自然地理学の統合的研究〕という語句が使われていたからでもある．この章では「統合」を頭にかぶせた自然地理学について書かれた論文や記事を紹介する．

2　グーディによる自然地理学の統合

　環境に関する研究で有名なイギリスの自然地理学者，アンドリュー＝グーディ[注1]は，21世紀のはじまりに「自然地理学の統合」という論文を書いた（Goudie 2000）．この論文でグーディは，まず，19世紀なかばのメアリー＝サマヴィルの自然地理学[注2]は，総合的で幅広く人間との関係をも扱ったものであったと述べる．それが，両大戦の間（20世紀前半）には，サンゴ礁学者ストッダート[注3]によると「自然地理学は地形学だ」というような状況になった．しかし，1960～70年代には，空間モデル地理学の誕生に加えて，世界的な地域性の減少や都市化の進行という状況から「自然地理学は不要になった」という一部の地理学者の言動によって，自然地理学はどん底に落ちこんだ．その後，計量化，第四紀研究，プロセス研究，人間活動の認識，システム手法の導入・進展によって自然地理学は勢いを盛り返しはじめた．現時点（2000年）での自然地理学の主要な課題としてグーディは，①自然に対する人類の影響の研究，②自然環境の変化とその結果の研究，③社会的な要求に対する自然地理学の応用研究，の三つを挙げている．その実現のためには自然地理学の統合が必要であり，それには地生態学（ランドスケープ＝エコロジー）の手法やリモートセンシング，GIS（地理情報システム）の活用が有効であろうと述べる．

　最後にグーディは，「人間と自然環境とのかかわりを理解することが，われわれの惑星地球を生き延びさせるための決め手であり，これこそが21世紀の自然地理学の使命である」と強調している．

3　統合地理学と統合自然地理学

　いうまでもなく自然地理学は地理学の一分野である．それでは，最近の地理

学の中で自然地理学はどのように位置づけられているのだろうか．2008年に地理学本質論をコンパクトにまとめた本『地理学のすすめ』（Matthews and Herbert 2008）が出版され，2015年に翻訳された（マシューズ・ハーバート 2015）[注4]．この本の第2章には自然地理学の本質や特徴がくわしく解説されているが，その内容は，上記のグーディの論文の内容をなぞって，よりくわしく書いたもののようにみえる．

　この本では，自然地理学は，20世紀中頃に多様化し，いくつかの分野が急成長し，現代的科学に仲間入りしたことを強調している．これは，地理学での「計量革命」と自然地理学の「プロセス研究」の二つが盛んになったことが相乗的に作用したことが原因である．これによって，自然地理学と他の自然科学との連携が可能になり，自然地理学は自然環境科学といえるまでに成長したと評価している．しかし，これによって自然地理学は領域ごとに細分され，自然地理学の個別領域化が完成した．言い換えると，自然地理学は，図1-1の下段に並ぶ地形学から気候学までの，地球表層部（地生態圏）を構成する個別の圏に対応する個別研究領域（主要専門領域）の集合体に変化したということになる．

　ところで，マシューズとハーバートは図1-1の中心に置かれている枠付きの自然地理学を統合自然地理学と考えている．それによると，統合自然地理学とは，地形や植生，土壌，気候といった個別の研究領域の研究ではなく，複数の自然要

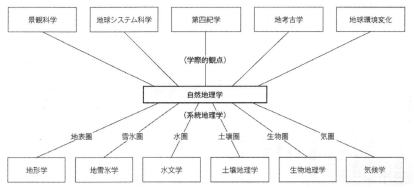

図 1-1　自然地理学の現代的枠組み．上段は自然地理学と関係する諸科学分野（学際的観点）．下段は自然地理学を構成する個別研究領域（主要専門領域）群（マシューズ・ハーバート 2015 の図9）．

素をもった地生態系^(注5)の研究であるとする．その地生態系のスケールは多岐にわたる．統合自然地理学の対象となる地生態系単位（地域単位）としては，たとえば，丘陵斜面，河川流域，湖水域，都市，山岳地域，地球全体などを挙げることができる．また，図 1-1 に示すように，統合自然地理学は上段の諸学問分野と連携する．この学際的なつながりは，たとえば，地質学者や生物学者，考古学者と自然地理学者との協働を意味する．図には示されていないが人文地理学者との協働もおこなわれる（マシューズ・ハーバート 2015：45-46）．

　現在，統合自然地理学の研究は，まだ，ほんのわずかしかおこなわれていない．しかし，統合自然地理学はさまざまな専門領域を接合させ，学際的研究を発展させ，人文地理学とのつながりを発展させるための場を提供する可能性がある．この考えは，統合自然地理学こそがこれからの自然地理学の中心になり得ることを示唆するとマシューズ・ハーバート（2015：45-46）は力説する．

　章の最後には，スレイメーカーとスペンサーの著書（Slaymaker and Spencer 1998）から自然地理学の核となる三つの主要課題が引用されている．それは，①環境中の生物的地学的化学的構成要素の空間分布を認識し説明し分析すること，②気圏・生物圏・固体地球圏・人間社会の接合部でのすべての時空間スケールにおける環境システムを解明すること，③人間活動などさまざまな擾乱に対する環境システムの復元力を明確にすること，である．この部分は，先に述べたグーディの論文にも引用されている．マシューズとハーバートはこれこそが統合自然地理学であるとしている（49 ページ）．

　この本『地理学のすすめ』全体の主張は，これからの地理学には統合地理学（自然地理学と人文地理学とが結合した地理学）の振興が必要であるというものである．そのためには，統合自然地理学における「自然環境と人間との関係の研究」こそが，統合地理学の実現に大きく貢献できることをマシューズとハーバートは強調している（49 ページ）．

4　中国での自然地理学の統合研究

　1980 年代に著者の岩田は，天山山脈やチベット高原での氷河・氷河地形研究のために中国科学院蘭州氷河凍土研究所をしばしば訪れた．この研究所には，気象・気候，積雪・氷河，地形，土壌，測地・測量・写真図化，物理探査など多く

の研究部門があったが，驚いたのは，ほとんどすべての研究者の出身が自然地理学であったことである．他の国なら地球物理学や工学・農学出身者が多くいるはずである．中国の大学では，地質学と生物学，天文学を除いて，そのほかの野外自然科学のすべてを自然地理学がカバーしているようであった．地理学が巨大勢力であるロシア（当時はソビエト）の影響もあって，当時の中国では自然地理学が幅を利かせていた．その中国から最近「中国の自然地理学の統合的研究：回顧と展望」という論文が出た（Fu and Pan 2016）[注6]．この論文の冒頭には統合自然地理学研究の枠組みという図が掲げられている．ここでは，この図（図1-2）にしたがって内容を要約しよう．

「研究領域でみると」という記述からはじまるが，もっとも古くからおこなわれた統合自然地理学的研究は総合的自然地域区分の研究であると書かれている．これは2,500年の歴史をもつという．つぎに始まったのは資源利用や土地利用と深く関わっている土地分類研究である．これは土地利用・土地被覆のモデル化の研究に進展し，地表環境での作用（プロセス）研究と結びついた．1980年代に

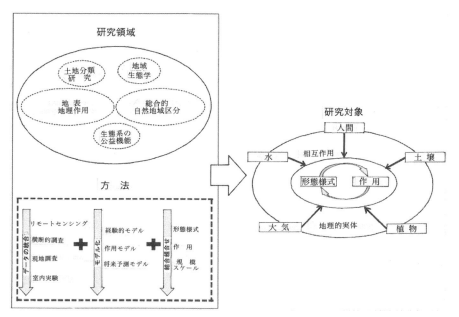

図 1-2　中国での自然地理学の統合的研究の枠組み．Fu and Pan 2016 の図 1 を日本語にした．

なると地生態学（ランドスケープ＝エコロジー）が導入され，地域の形態様式研究が始まった．最近では「生態系の公益機能」（生態系サービス）の研究が盛んになってきた．これらと並行して個別領域研究での地表地理作用（プロセス研究）がおこなわれている．

　最近数十年の全地球環境変化と中国の急激な環境と社会の変化によるさまざまな問題に対応するためには，自然地理学の統合的研究をいっそう推し進めなければならない．そのために，今後，重点的におこなうべきこととして，①地域の形態様式（地域特性）とそれを形成している作用（プロセス）との関係の研究，②全地球環境変化に対する地域環境の反応（応答）の研究，③人類が地球システムに与える影響の研究，④地理学的視点による生態系の公益機能（生態系サービス）の研究，⑤さまざまな情報の集積とそのモデル化，⑥特徴ある地域での人間と土地との関係の研究，⑦全地球的な問題を解決するために国際的な研究計画（たとえばフューチャー＝アース計画）にもっと取り組むこと，の7項目が挙げられている．

5　統合自然地理学にいたる途

　ここで述べた三つの例によると，統合自然地理学とは，原生自然や自然環境に対する人類の影響（改変や破壊），自然環境の持続可能な扱い，資源管理，災害などを研究するものであることが理解できる．つまり，人類の生存に関わる環境研究に貢献できる科学なのである．このような地理学研究は，従来の地理学の領域区分では環境地理学や応用地理学と呼ばれているものである．これらの領域は，現在のわが国の地理学の研究・教育の中では弱小であり研究者の数も少ない．フューチャー＝アース科学委員会の日本代表の安成哲三が，地理学界からのフューチャー＝アースへの貢献がほとんどないことにいらだっているのは（安成2016），環境地理学の研究者が少ないことが一つの要因である．環境地理学が盛んにならない理由はおそらく四つほどある．それらは，①細分化された個別領域研究（分析的・原理還元的研究によって自然の真理を解明する）が自然地理学の本流である，②つまり，環境地理学のような応用研究は価値が低い，③複雑で多様な環境研究の方法がわからない，④安成も指摘するように，自然環境には関わりたくないという人文地理学者の意識，であると著者は考えている．

上にみてきたように，統合自然地理学の最終目的は，人類の生存のための地球システムの維持，そのための地球システムの総合的な理解・解明（安成 2016）であるが，地理学界の現状ではそこに一足跳びに到達するのは難しい．それではどうすればいいのか．できるところから複数の研究領域を含む領域横断的・領域俯瞰的研究を積み重ねていくほかない．その中に，自然への人類の影響の研究や，環境への人間の働きかけとその結果の研究が含まれるのは当然である．現段階では（この本では），地域自然の全体像や地球システムを解明する統合自然地理学だけではなく，そのような本格的な統合的研究にいたる前段階の研究も含めて，複数の領域を含む領域横断的・領域俯瞰的研究を統合自然地理学と呼んでいる．統合自然地理学は発展途上にある．

　このように，自然地理学分野における領域横断的・領域俯瞰的研究はまだ一般的ではないから，数少ない，それらの研究例を集めて，統合自然地理学研究の実践例として紹介するのが本書である．

【注】
1) グーディ：Andrew S. Goudie，イギリスの地理学者．1945 年生まれ，長年オックスフォード大学で地理学を教えた．専門はサバク地形．"The Human Impact on the Natural Environment" (1981), "The Nature of the Environment" (1984) などの版を重ねた教科書や，サバク地形関係の多くの著書がある．
2) メアリー＝サマヴィルは，1848 年に "Physical Geography" を著した．これは最初の自然地理学教科書とされる．その内容はかなり地誌的であるが，生物や人間活動にも多くのページを割いている．
3) ストッダート：David R. Stoddart，イギリスの地理学者（1937-2014）．長年ケンブリッジ大学に勤め，その後カリフォルニア大学バークレー校に移った．専門はサンゴ礁研究と地理学本質論．
4) マシューズとハーバート：John A. Matthews，ウェールズ大学教授，自然地理学；David T. Herbert，ウェールズ大学名誉教授，地理学．
5) 地生態系：原文は landscape ecosystem，訳本では景観生態系となっている．〔landscape〕と〔景観〕はドイツ語の Landshaft の訳だが，Landshaft には〔地域の実体〕という意味があるので，〔landscape〕〔景観〕という訳語は不適切．ここでは地生態系とした．しかし，生態系は場所を特定しない概念なので，厳密にはエコトーンとすべきである．いずれにせよ，この考えでは統合自然地理学が地生態学とおなじになってしまう．
6) Fu Bojie：傅伯杰，中国科学院生態環境研究所教授，専門は自然地理学と地生態学．Pan Naiqing：潘乃青，中国科学院生態環境研究所．
7) 地域の形態様式：原文ではパターン（pattern）や土地利用パターンと書かれている．地域特

性ともいえよう.
8) 生態系サービス:「多様な生態系機能のうち,人間がとくにその恩恵に浴しており,失われると大きな損失となるもの」(佐藤 2016:42).
9) フューチャー=アース:"Future Earth"「未来の地球計画」.人類生存のための持続可能な地球環境について研究する国際共同プロジェクト.気候変動,環境破壊,食糧・水資源問題,貧困と飢餓,地球規模の災害などが研究課題として挙げられている.科学委員会には日本代表として総合地球環境学研究所(地球研)の安成哲三所長が参加している.

【引用・参照文献】
Fu Bojie and Pan Naiqing 2016. Integrated studies of physical geography in China: Review and prospects. *Journal of Geographical Sciences* 26: 771-790.(「地理学報」英文版)
Goudie, A. S. 2000. The integration of physical geography. *Geographica Helvetica* 55: 163-168.
岩田修二 2015. 自然地理学の存在意義―その本質と特徴―. 地理,60(1): 19-22.
岩田修二 2016. 領域横断型研究としての自然地理学. 科学 86: 871-873.
岩田修二 2018. 『統合自然地理学』東京大学出版会.
Matthews, J. A. and Herbert, D. T. 2008. *Geography: A Very Short Introduction*, Oxford University Press.
マシューズ・ハーバート(森島 済・赤坂郁美・羽田麻美・両角政彦訳)2015. 『地理学のすすめ』丸善出版.
佐藤 哲 2016. 『フィールドサイエンティスト―地球環境学という発想』東京大学出版会.
Slaymaker R. O. and Spencer T. 1998. *Physical Geography and Global Environmental Change*, Harlow: Longman.
安成哲三 2016. Future Earth―地球と人類の持続可能な未来をめざして. 科学 86: 757-759.

....

《考えてみよう》
　近代科学の成立史を振り返ると,総合的・統合的な研究では自然現象が解明できなかったから分析的研究が発展したのではなかったか.そうだとすると,統合自然地理学の提唱は科学の発展と矛盾するのではないか.それでも自然地理学の統合が提唱されているのはなぜか.

岩田 修二（いわた=しゅうじ）東京都立大学名誉教授　e-mail:iwata_s@mac.com　1946年神戸市生まれ.明治大学文学部・東京都立大学大学院理学研究科で地理学を学ぶ.理学博士.少年時代から六甲山を歩き,山が好きになり,学生時代には南部パタゴニア氷原を横断し,氷河に関心をもった.卒業研究で白馬岳高山帯の自然のすべてを知りたいと思ったのが統合自然地理学のはじまり.著書に『世界の山やま』(古今書院共編著),『山とつきあう』(岩波書店),『氷河地形学』『統合自然地理学』(ともに東京大学出版会).

Column 1
統合・総合・横断・融合・シームレス

岩田 修二

　統合自然地理学の「統合」は，なぜ「統合」なのか．学術分野や科学領域の形容詞としてよく使われる総合や分野横断，融合，あるいはシームレスではダメなのか．言葉の意味や用例を整理してみよう．

1．総合（綜合）
　総合とは，多くのバラバラな物を全体として大きく一つにまとめること（『学研国語大辞典』1978）である．英語では synthesis（総合），comprehensive（包括的），composite（集積的）などがあり場面によって使い分けられる（『小学館プログレッシブ和英中辞典』）．総合的に理解するという意味では from different angles という表現もある．
用例1：総合科学とは，多数の学問分野があつまって，学際的・包括的に構成される学術（研究・教育）の意味で使われ，大学の教養部が総合科学部と改称されたものがあった．
用例2：東京大学総合研究博物館は英語では The University Museum といい総合に対応する単語はない．前身である総合研究資料館(全学を総合的に含むから？)からの継承かもしれない．北海道大学総合博物館も The Hokkaido University Museum で総合にあたる英語はない．

2．横断
　横断とは，境目のあるものを横切る，渡る，断ち切るなどの意味で（『学研国語大辞典』1978），まとめるという意味は含まれていない．分野横断の意味では domain crossing という表現をみたことがある．Weblio 辞書では，分野横断研究には Multidisciplinary があてられている．

3. 境界（領域）

複数の学問領域の間にある領域．古生物学（地質学と生物学の間）や生化学（生物学と化学の間）は，かつては境界領域科学だった．

4. 融合

融合とは，二つ以上の異なったものが融けて混ざり一つになることである（『学研国語大辞典』1978）．

用例とコメント：ある時期からよく使われるようになった文理融合の明確な定義はみつからない．Weblio 辞書によると「研究プロジェクトなどが，文系学問と理系学問の両方の要素を含んだ学際的なものであることを意味する語」とあるが，融合といえるような研究が実際に存在するのだろうか？　その点で，融合に integration をあてているのをみたが，ふさわしくないと思う．『フィールドサイエンチスト』(佐藤 2016)では，transdisciplinary の日本語訳を領域融合としている．

最近，「学融合」という語を知った．「学融合という言葉の心は，既存の学問分野を掛け合わせることで，新しい分野を生み出すという点にある」（片岡ほか 2017）．地球物理学者と国文学者が協働して過去のオーロラを解明するという研究に対して使われている．その場合，地球物理学系と文学系のどちらか一方が補助的な役割であれば，学融合とは呼べないと述べている．

5. シームレス (seamless)

シームレスは「縫い目のない，継ぎ目なし」の意味である（『旺文社英和中辞典』1975）．

用例1：シームレス＝ストッキング：縫目のないストッキング；シームレス＝パイプ：継ぎ目なし鋼管．

用例2：シームレス地質図：コンピュータ＝ディスプレィに表示される，図幅ごとのつなぎ目のない地質図．

用例3：「自然現象はシームレスの織物のようにつながっている」（竹内・島津 1969）．

6. 統合

　最後に統合をみよう．統合とは，二つ以上のものをまとめてひとつにすること（『学研国語大辞典』，1978）で，英語では integration（『小学館プログレッシブ和英中辞典』）である．

用例1：東京大学教養科学部統合自然科学科の統合自然科学は Integrated Sciences である．ホームページによれば，「さまざまな学問領域を自由に越境・横断することにより，多様な自然科学の知を統合し」と書かれている．北海道大学の統合環境科学部門（Section of Integrated Environmental Science）も同じ意味であろう．

用例2：空間統合（spatial integration）とは，経済地理学での，空間（距離）を実質的にゼロにするような空間的社会的過程をいう．

用例3：防衛省の統合幕僚は防衛省ホームページの英語では joint stuff となっている．

結 論

　このようにみてくると，多様な自然を研究する諸領域を俯瞰的にとらえて，まとめて理解しようとする自然地理学をあらわす用語としては，統合が最適であると思えるのである．

【引用・参照文献】
片岡龍峰・寺島恒世・岩橋清美　2017．古典籍にみるオーロラ―新たな学融合の扉を開く．科学 87: 804-809.
佐藤 哲　2016．『フィールドサイエンティスト　地域環境学という発想』東京大学出版会．
竹内 均・島津康男　1969．『現代地球科学　自然のシステム工学』筑摩書房．

第2章　地形からみた生態系研究
地すべりがつくる自然の豊かさの解明

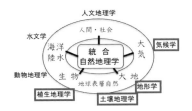

高岡 貞夫

> もし地球が凹凸のない平坦な大地からできていたら，生物の世界は退屈で味気ないものであったにちがいない．地球が丸いことに加え，地表の起伏やその変化がさまざまな環境をつくりあげて生物多様性を生み出している．その仕組みを探るには，自然地理学を総動員した観察と洞察が必要である．

キーワード：地形，植生，微気候，土壌，生物多様性，地すべり

1 はじめに

　第2章では，山地の地形，とくに地すべり地形に着目して，地形や地形に関係する自然地理学的な諸条件が生態系の構造や機能の発達にどのようにかかわっているのかをみていく．まだまだわからないことが多いが，これまでおこなわれてきた研究の成果を見渡しながら，今後の研究課題を整理する．

　地すべりはおもに地形学や災害科学の分野で研究対象とされてきた．日本の山地の地形発達を考えるときに地すべりは重要なプロセスの一つであるし，また地すべりによる土砂移動は，しばしば人の生命や財産を奪う災害をもたらすからである．一方で地すべりは，多様な生物のすみ場所を形成する上で重要な役割を担っている点が注目され，日本の山地においても早くから地すべり地形と植生の関係に関する研究がおこなわれてきた（たとえば小泉 1999；宮城 2002；三島ほか 2009；苅谷ほか 2013）．防災科学技術研究所による地すべり地形分布図には，足

の踏み場もないほど多くの地すべり地形が山地に広く分布していることが示されており，山地の生態系の成り立ちは地すべりを抜きにして考えることができないことを再認識させてくれた．

　本章ではおもに植生の分布に着目して，山地の生態系と地すべりの関係を述べていく．地表面を覆う植物の分布パターン，すなわち植生は，地形や地質，土壌，気候，水文などとともに相互に作用しあいながら自然を構成する一つの要素であるが，そのなかで植生は，どちらかというと，そのような諸作用の結果として成り立っているという側面が強い．つまり植生は，地表付近で起きている自然地理学的な要素間の作用を部分的に可視化しているということができ，生態系の空間構造を理解するための手がかりを与えてくれる．また，植生は動物の生息場所とも密接に関係しており，植生をとおして動物も含めた生物全体の分布をとらえることができると期待できる．

　なお，本稿では地すべりという語を広義の地すべりを意味する語として用い，狭義の地すべり地形だけでなく崩壊地形なども対象に含めて述べていく．また，本稿のように場所の条件と対応づけながら述べるときの用語としては，生態系（エコシステム）よりエコトープを使うほうが適切であるという考えもあるが，本稿では生態系という語を用いる．

2　地すべりと結びついた生態系

2-1　地すべり生態系とは

　山地ではさまざまな攪乱によって植生の破壊と再生が繰り返されている．森林植生の場合，台風などで樹木が倒れて林冠（森林の上層部分）に穴があくことがあり，林冠ギャップと呼ばれる．ここに光が差し込むなどして森林の再生が始まるので，森林の更新は林冠ギャップの範囲を一まとまりとしておこなわれると理解されている．日本のおもな森林タイプにおける林冠ギャップの平均面積は 30 〜 140 m^2 であり，大きなものでも 400 m^2 程度である（Yamamoto 2000）．

　一方，地すべりは大小さまざまな規模で発生するが，防災科学技術研究所が作成した幅 150 m 以上の規模をもつ大規模な地すべりは全国の山地や丘陵地の 30 万カ所以上に存在し，火山地域では移動体の体積が $1 \times 10^8 m^3$ を超えるものも存在する（吉田 2010）．大規模な地すべりは林冠ギャップの規模をはるかに超えて

図 2-1 地すべりによって破壊された植生．写真中央の遠景にみえる白い斜面が滑落崖．米国オレゴン州カスケード山脈で撮影．

発生するもので，斜面を覆う森林全体に影響を及ぼすような攪乱である（図 2-1）．攪乱の強さや影響の大きさは地すべり地内で一様ではなく，地すべり発生以前の植生が部分的に破壊を受けつつも移動ブロック上に残存するところ，植生が破壊されても土壌や土壌中に含まれる種子や栄養体が移動土砂の表層付近に残り，それをもとに二次遷移が始まるところ，基盤岩が露出したり岩屑に覆われた地表が形成されたりして一次遷移が始まるところなどがある．攪乱の後に残る生物体や生物遺体は生物学的遺産（biological legacy）とよばれる．

また，地すべり地には急崖，凹地，小丘，岩礫地，湿地，池沼などが形成され，斜面の安定性，表層構成物質，微気候条件などに違いをもつ多様な環境が混在する場所が形成される．地すべり発生後の植生遷移は，これらの環境の違いにも影響を受けながら進んでいくと考えられる．

このように地すべりによって大面積の攪乱を受けた範囲を一まとまりとし，その内部につくられる不均質な環境を基盤として成立する生態系を本稿では地すべり生態系とよぶ．

2-2 地すべり生態系の特徴

地すべりは滑落崖とよばれる急崖とその前面に移動物質が堆積してできる地すべり移動体（地すべり堆）を形成し，これらが地すべり地の輪郭をつくる．移動体にはさまざまな微地形が形成されるが（八木 2003），それらの地形や地形変化が植生に対して及ぼす影響（環境形成や攪乱）を表に整理した（表 2-1）．まず地形の形態（起伏）に着目した場合，地形は微気候条件の違いをつくりだす役割を担う．たとえば移動体の内部には滑落崖と後方回転した土塊との間にできる陥没性の凹地，分離崖とブロック状に移動した土塊との間にできる溝状の凹地，移動体内の種々の高まりの間にできる相対的に低い場所としての凹地などが存在す

表 2-1 地すべり地形が植生発達に果たす役割の例

地形の着眼点	地形の役割	着目する場所の例	植生発達に関係する環境形成や攪乱
形態	立地環境の形成（微気候）	凹地	・集水による池や湿性環境の形成 ・日射量減少による湿性環境の形成 ・冷気湖の形成による冷涼環境の形成 ・消雪時期の遅れによる生育期間の短縮 ・積雪深の増大による雪圧の増大
		急崖	・積雪の移動速度の増大による雪圧の増大
構成物質	立地環境の形成（土壌）	急崖	・土壌流出による貧栄養環境の形成 ・乾性環境の形成
		移動ブロック	・生物学的遺産の保持
		岩塊原	・土壌未発達による貧栄養環境の形成 ・排水による乾性環境の形成
プロセス	攪乱	急崖・崖錐	・初生的・二次的な土砂移動による植生破壊
		移動体	・慢性的移動にともなう樹幹の傾倒や根の切断
プロセス	水文プロセスの改変	急崖の前面	・湧出による水域や湿性環境の形成
		移動体の前面や側面	・地表流の堰き止めによる池沼や湿性環境の形成

るが，それらの凹地では雨水や融雪水が集まって湿潤な環境がつくられ，湿原や池沼が形成されることもある（高岡ほか 2012；Sasaki and Sugai 2015）．また，凹地が大きく深い場合は，冷気が滞留して冷気湖が形成されることもある（梅本 1994；飯島・篠田 1998）．凹地底では日射が制限されるので，このことも凹地底を冷涼湿潤な環境にする．さらに多雪地では凹地に雪が吹き溜まり，周囲よりも雪圧が高く，また残雪により生育期間が短縮される場所が形成される．

また，地形に対応して地表構成物質やそれに影響を受ける土壌条件が異なるものになることが少なくない．滑落崖のように岩盤が露出する場所がある一方で，移動体には巨大な礫を含む分級の悪い岩屑に覆われる場所もある．あるいは前節で触れたように，細片化せずにブロック状に移動したところには，地すべり発生前の土壌構造を保持する場所もある．さらに移動体内部には巨礫が充填物質なしに累積する岩塊原がつくられることもある．

地形の変化に着目した場合，地すべりは植生を破壊する攪乱ととらえられるが，地すべりの中には移動体が低速で間欠的・継続的な動きをするものもあり，場所によっては攪乱が一過性なものでなく慢性的なものになる．

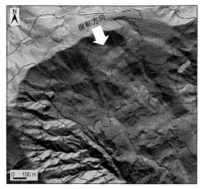

図 2-2　北アルプス北部，八方山南斜面の地すべり地にみられる植生．右の写真には，標高およそ 1700 m 付近までの植生が写っている．

　地すべり地の地形によってつくられる微気候や土壌条件は動植物に対して多様な生育地・生息地を提供し，希少種が確認されることもしばしばある（宮城 2002）．地すべり地に作られる環境のそれぞれは地すべり地に特有のものでなく，山地の中に一般的に存在するものであるが，それらが一定の範囲に集中して存在することが地すべり地の特徴であり（岡村・磯貝 2002），このことが地すべり生態系を特徴づけているといえる．たとえば八方山南斜面にある地すべり地（佐藤ほか 2013）には針葉樹林，広葉樹林，ササ草原，湿性草原，乾性草原・低木林，無植生に近い岩塊原，池を含む湿地などがモザイク状に分布する複雑な植生構造が見られる（図 2-2）．このような場所は，発生，成長，繁殖，越冬といった生活史を通じて複数の環境を利用する動物（昆虫，両生類など）に対して格好の生息地を提供している可能性がある．

3　地すべり生態系の発達過程

　地すべりの発生によって植生が破壊され，風景は一変する．そして生態遷移によって植生は少しずつ回復していき，極相に至る過程でさまざまな遷移段階の植生がみられる．最終的に極相林にまで発達すれば，地すべりの影響はわからないものになる．しかし，長い時間がたてば常にもとの植生に戻るかというと，そうとは限らない．岩塊原や凹地など地すべり発生前になかった地形が新たに土壌や微気候の環境をつくり，これと結びついて成立した植生が長期的に維持される場

合があると考えられる．また，急崖など不安定な斜面には，高頻度の攪乱に対応する性質をもつ種が優占する植生が持続的に成立する場合もあると考えられる．

このような地すべり発生後の植生変化の道筋について，菊池（2002）は四つのケースがあると推測している（図2-3）．第一に，地すべりによって新たに出現した地表に植物が侵入・定着し，極相に向かって遷移が進むケースであり，最終的には地すべり地の周囲の植生との違いは消滅する（ケース1）．しかし，残りの三つのケースでは，植生遷移の時間スケールをはるかに超える長期にわたって，地すべりの影響が残ることがあると考えられる．

まず，地すべりによって形成された地表の安定性が低い場所では断続的に地表変動が生じ，植生は極相に向かう遷移の途中で攪乱を受けて遷移の初期状態に戻

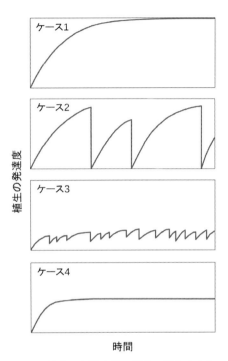

図2-3 地すべり発生後の遷移の進み方として考えられる四つのケース．菊池（2002）にもとづいて作成．説明は本文と表2-2を参照されたい．

される．このような場所では，先駆的性質の植物を含む植生が継続的に成立する（ケース2）．また，同じ不安定な場所でも，攪乱の強度が小さいために初期状態には戻らないが頻繁に攪乱を受けるような場所では，萌芽再生によって株を維持するような攪乱に強い種によって構成される植生が形成される（ケース3）．さらに，地すべりによって以前にはなかった特徴をもつ環境が形成され，それに対応した植生が形成されることもある（ケース4）．

これらのケースに対応して特徴のある植生が観察されているが（表2-2），四つのケースが一つの地すべり地に同居し，地すべり地の周囲に比べて多様な植生が形成されている例が，外秩父山地の高篠山北斜面における地すべり地にみられる（図2-4）．まず，移動体の中央部にはコナラ林が発達するが，これは滑落崖

表 2-2　地すべりの影響が長期的に植生に現れる例

遷移のパターン	該当すると考えられる植生の例
ケース 2	・滑落崖に攪乱耐性種であるフサザクラやタマアジサイの優占する群落（Sakai and Ohsawa 1994）
ケース 3	・滑落崖の前面にヤエガワカンバを含むカバノキ林（小川・沖津 2012）
ケース 4	・移動体内の湿潤な立地にサワグルミ林（小泉 1999, 三島ほか 2009） ・移動体内の凹地に湿原（高橋・五十嵐 1986） ・崖錐にヤツガタケトウヒやヒメバラモミ（野手ほか 1999） ・亜高山帯の滑落崖の前面にできた凹地の底にハイマツや高山植物群落（飯島・篠田 1998）

ケース 2～4 は図 2-3 と同一．各ケースの内容は本文を参照．

の背後にある地すべり地の外側の森林と同じであり，上記のケース 1 の例にあたると考えられる．次に滑落崖の前面にはヤエガワカンバやシラカンバが優占するカバノキ林があり，背後の滑落崖からの土砂移動によって断続的に攪乱を受けることによって維持されていると考えられている．これはケース 2 にあたるであろう．さらに滑落崖や移動体の末端部のような安定性に乏しい斜面では，萌芽能力の高いフサザクラの優占する植生がみられ，ケース 3 に該当する．また，移動体の内部の水路沿いや移動体末端部からの湧水によってできた湿潤な場所にはサワシバーチドリノキ林がみられ，ケース 4 にあたると考えられる．

ここで注目すべきは，ヤエガワカンバが出現することである．ヤエガワカンバは本州中部と北海道の限られた場所に隔離分布するが，最終氷期の大陸型落葉広葉樹林が分布縮小する中でレフュージア（生き残りの場所）に残存している遺存種である可能性が高い（沖津 2006）．もしそうならば，後氷期（完新世）に分布域を減じてきたヤエガワカンバの生育地の一つを地すべり地が提供してきたことになるかもしれない．同じような例は他にもある．後氷期に分布域を縮小したと考えられるヤツガタケトウヒやヒメバラモミといったバラモミ節の針葉樹は，崖錐などの岩塊の堆積した場所が生育地になっていることが報告されているが（野手ほか 1999），このような場所は地すべり地と一致している場所が少なくないと思われる．

地すべり地に生息する動物は，そこに形成された植生や土壌の環境を利用して生活する．地すべり発生後に植生の遷移が進むにつれて，生息する動物種も草原性のものから森林性のものへと変わっていくことが考えられる．そして地すべり

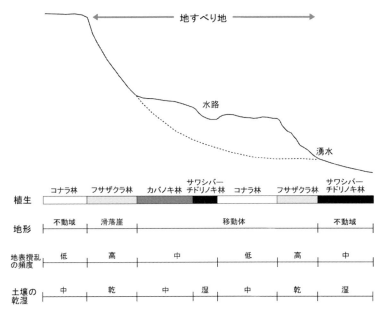

図 2-4 地すべり地の植生の配列と環境条件．小川・沖津(2012)の記載内容をもとに作成．

地につくられた環境が氷期遺存種の分布地となる点は動物にも当てはまるかもしれない．たとえばエゾナキウサギは岩塊地に生息するが，そのような岩塊地には地すべり成のものが含まれていると考えられる（川辺ほか 2009）．

地すべり地の植生変化を数千年，数万年といった長期的な視点で研究する重要性が指摘されながら実証的な研究は少ない（菊池 2002；高岡 2013）．堆積物中の花粉や植物遺体を分析する古生態学的手法を取り入れるなどして，今後の研究が進展することが望まれる．

4　地すべり生態系の多様性

地すべり地の植生はどこも似たようなものになるのではなく，地すべり地ごとに異なったものがみられることがある．その理由の一つは，地すべりが発生してから経過した時間の長さによって異なる遷移段階の植生が成立しているからである．しかし発生後の時間の長さのほかに，地すべり地形の形成プロセスの違いも重要なのではないかと考えられる．すなわち，形成プロセスが異なれば，地すべ

り地に卓越する地形の種類や空間配置，生物学的遺産の残り方などに違いが生じ，そのことが植生パターンに変化を与えると考えられる．

　地すべり地形の形成プロセスにはもとの地形を構成する物質の違い（岩体，岩屑，風化土）や動き方の違い（落下，転倒，滑動，流動など）が影響し，起伏が大きいものと小さいもの，発生域からの土石の移動が短いものと長いもの，表層に粗粒の物質が卓越するものと細粒の物質が卓越するものなど，さまざまなタイプの地すべり地形がつくられる（Varnes 1978; Cruden and Varnes 1996）．構成物質の違いは地質分布と関係が深いし，運動様式は地質や起伏量などが関係しているので，複雑な地質構造や地形をなしている日本の山地では，さまざまな形態や規模の地すべりが混在する．

　また，同じ形成プロセスで類似した特徴をもつ地すべり地形ができたとしても，そこに成立する植生は同一のものになるとは限らない．気温や降水量，降雪量といった気候条件が異なれば，植生遷移の進み方も異なるものになるであろう．たとえば雪は植生の成立を阻害したり促進したりするので，多雪地域では地すべり地の微地形と植生の関係が明瞭になる．北アルプス北部の白馬岳周辺では，地すべり移動体内部での積雪深が微地形に対応して不均質になり，比較的消雪が早い凸型地形では樹木植生がみられるのに対し，消雪が遅れたり融雪水によって湿潤な環境になったりする凹地では，湿性草原や裸地が形成されている．また急崖などでは雪圧の影響で植生の発達が悪い（苅谷ほか 2013）．

　地すべり地形の影響が積雪量の異なる地域によって変化することを理解するために，北アルプスの標高 1,500 m 以上の地域に存在する地すべり地形のうち，滑落崖における植生の特徴を観察し，積雪の多い北部から積雪が減少する南部にかけて比較をしてみた（図 2-5）．滑落崖の植生は，北部では標高 2,000 m 以上で草原が卓越し，それ以下の標高では低木林が卓越していた．草原はいわゆる高山植物からなる草本植生のほかにササ草原が含まれる．低木林はダケカンバやミヤマハンノキなどからなる．しかし南に移動するに従って草原と低木林は減少し，北アルプス南部ではシラビソやコメツガなどの常緑針葉樹林が卓越するようになる．これらの地すべり地の形成年代にはさまざまなものが含まれているであろうし，滑落崖の面積規模や斜面方位も植生の成立に影響を与えるはずであるが，そのような諸条件の違いを超えて北部から南部にかけて植生の変化が生じているこ

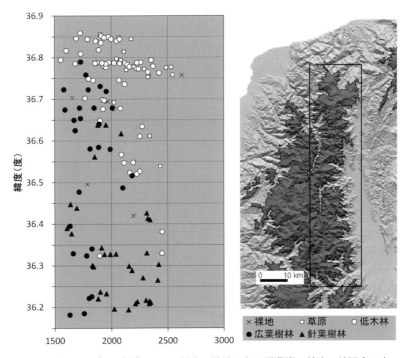

図 2-5 北アルプスの標高 1500 m 以上の地域にある滑落崖の植生．地図中の方形枠内について空中写真判読をおこない，それぞれの滑落崖にもっとも卓越する植生を判定した．国土地理院発行の数値地図 50 m メッシュ（標高）を使用．

とは，地すべり地の植生発達には緯度や標高によって変化する積雪深や消雪時期の違いが大きく関係していることを示唆している．

多雪地域で地すべりがつくる地形の効果が強められることは，高山地域における池沼の分布からも理解できる．地すべり地やその背後にある線状凹地に形成される池沼は，多雪地域ほど形成されやすいことが観察されている（Takaoka 2015）．

地すべり地にはさまざまな地形とそこに成立する植生によって，地すべり地特有の生態系が形成されているが，このような地すべり生態系自体が多様であることを図 2-6 に整理した．地形や地質が異なればそれに対応して地すべり地形の形成プロセスが異なり，また，地すべり発生後の植生回復の過程は気候条件，とくに日本では積雪条件によって異なる．これら地形・地質の軸と気候の軸が，地す

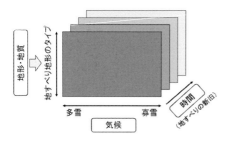

図 2-6 地すべり地の植生の多様性に関係する三つの因子．地すべりの発生様式に関係する地形・地質条件，植生の再生様式を左右する気候条件，遷移の進行と関係する地すべり発生後の時間の長さの三因子が，地すべり地の植生を多様なものにしている．

べり生態系の多様性が生まれる基盤となる．さらに山地には形成年代の異なる地すべりが混在し，そのことも地すべり地ごとの植生の違いを生み出している．また時間が経過する中で流水による侵食や堆積が進んで地すべり地形の特徴は失われていくので，長期的に考えたときには地形と気候の両軸と生態系の特徴との関係は固定的なものではない．

5 空間スケール別にみた地すべりの役割

　地すべり地における地形と植生の関係を空間スケール別に整理すると，地形の役割が階層的に理解できる（図 2-7）．地形はその四つの側面（起伏，物質，動き，年代）に着目して考えてみる．

　すでに述べたように，地すべり地には多様な植生が混在するかたちで成立している．上述した八方山の南斜面では地すべり地に形成された地形（起伏）に応じて微気候環境，とくに消雪時期の違いや雪圧のかかり方の違いが生まれ，植生の違いをつくりだしていると考えられる．また，岩塊原では植生の発達が悪くなるなど地形を構成する物質の違いが土壌の違いを生じさせ，植生に影響している．地すべり地に降った雨や融雪水は地形によって排水されたり貯水されたりし，地形の構成物質の粒径分布などと関係する保水性も影響して，乾性な立地や湿性な立地ができたり湿原や池沼が形成されている．移動体の中には二次的な地すべりの発生したところがあり，また移動体の下部では流水による侵食が進んで裸地が形成されている．このような多様な環境に応じて植生はモザイク構造をなすが，このスケールで見た場合は，成立した植生が地すべり地の環境形成に関与するという側面もあるだろう．すなわち植生は斜面の安定性を高め侵食作用を緩和する働きがあると考えられる．また，植生の発達により土壌の発達が促進されたり，植生があることによって積雪深や消雪時期が影響を受けたりすることもあるであろう．

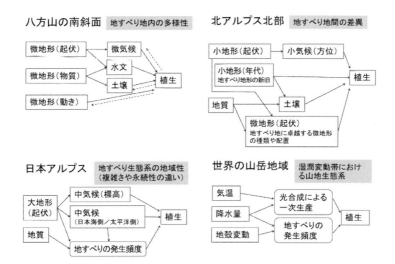

図 2-7　植生発達からみた地すべり生態系の階層的な理解．地すべり地における地形・気候・植生の関係を空間スケールによって整理した．

　この地すべり地の稜線をはさんで北側にもほぼ同じ規模の地すべり地形がある．南側と同様に蛇紋岩を基盤とする斜面であり，地すべり地内の地形も似たものになっているが，南側よりも植生の発達がよく，また池沼が存在しない．このような違いを生じさせている原因の一つは，積雪量が異なることであると思われる．冬季季節風に対する風背側にあたる南側の斜面は北側より積雪が多くなる．これら南北斜面の地すべり地の西方は花崗岩からなる斜面になるが，ここには同じ南向き斜面であっても蛇紋岩の斜面とは異なる地すべり地形と植生が発達している．

　このように，八方山周辺，あるいは北アルプス北部といったスケールで地形と植生の関係をみると，地すべり地間の違いがみえてくる．地形は小地形が着目され，斜面方位によって生じる小気候の違いが植生形成に影響する．また地質の違いに応じて地すべり地形（小地形，微地形）の形態や構成物質の特徴が変わり，このことが植生に反映する．個々の地すべりは発生年が同一ではなく，このことも植生の違いを生み出している．一方，このスケールになると植生が地すべり地の地形や気候（小気候）にあたえる影響は認められない．

　さらに，北アルプス全体，あるいは南アルプスも含めた日本アルプス全体といっ

たスケールで地形と植生の関係をみると，地すべり生態系の地域性がみえてくる．大地形（起伏）によって生じる中気候の違い，すなわち日本海側から太平洋側に向かって変化する降雪量の違いや標高の違いに応じた気温の変化などが地すべり地の植生発達に影響する．また，地質の違いによる地すべり地形の形態や分布密度は域内で異なり（高岡ほか 2012），地すべりが山地生態系の形成に果たす役割の地域差がみえてくる．形成年代を考慮した実証的な検討は難しいが，おそらく地すべりの影響の持続性・永続性は雪によって地すべり地形の影響が強化される多雪地域の方が寡雪地域よりも強いであろう．

さて，世界の山岳地域を比較した場合は，地すべりが山地生態系の形成に果たす役割も異なる．日本は湿潤変動帯にあるといわれ，地すべり発生の誘因となる地震や集中豪雨の発生頻度は非常に高い．日本は世界の中でもっとも地すべり地形が卓越し，地すべりが山地生態系の発達に重要な役割を果たす地域の一つであるといえよう．

以上に説明してきた，図 2-7 中に矢印で示された関係性については，各スケールとも実証的な研究が少ない．この図は，今後明らかにすべき研究課題の所在を示すガイドであると考えたらよいであろう．

6 動物学や集団遺伝学との連携

本章では地形と植生を中心に述べてきたが，地すべり地を利用する動物については十分に研究が進んでいるとはいえない．しかし，地すべり地に作られた環境を利用して動物が生息していることが報告されているし（岡村・磯貝 2002），日本の例ではないが地すべり地で周囲とは明らかに異なる動物相の特徴があることを著者も実感している（高岡・スワンソン 2013）．近年は動物に取り付ける小型の GPS や無人で動物の行動を記録するセンサーカメラなどが発達し，以前に比べて動物の分布や行動に関する情報が格段に得やすくなった．こういった技術を活用して，動物による地すべり地の環境利用に関する研究が進展することが期待される．

また，森林や草原，湿地，岩塊地などさまざまな環境が一定の区域内に集中するという地すべり地の特徴が生物多様性を高めたり，地すべり地につくられた環境が氷期遺存種である動植物のすみ場所を提供していたりする可能性を第 3 節で

述べたが，その詳細はまだわかっておらず，これからの課題である．

　地すべり地の地形や植生の特徴は時間とともにしだいに失われ，古い地すべり地では地すべり生態系としての特徴が消失してしまうものも多い．しかし，山地には新旧たくさんの地すべり地があり，地すべり地間で生物の行き来が生じたり，氷期遺存種が古い地すべり地から新しい地すべり地にリレーされるといったことも起きてきたのではないかと考えられる．このような地形と生物の間の連係の実態については，集団遺伝学の力を借りて遺伝子レベルの多様性を知ることで解明の糸口が得られるであろう．

【参照文献】

Cruden, D. M. and Varnes, D. J. 1996. Landslide types and processes. In *Landslides: Investigation and Mitigation, Transportation Research Board, National Research Council, Special Report* 247, eds. A. K. Turner and R. L. Schuster, 36–75. Washington D. C.: National Academy Press.

飯島慈裕・篠田雅人　1998. 八ヶ岳連峰稲子岳の凹地内における暖候期の冷気湖形成．地理学評論 71A: 559-572.

菊池多賀夫　2002. 地すべり地における植生とその立地条件．地すべり 39: 338-342.

小泉武栄　1999. 日本海側多雪山地における地すべり起源の植物群落．東京学芸大学紀要第 3 部門社会科学 50: 49-59.

苅谷愛彦・高岡貞夫・佐藤 剛　2013. 北アルプスの地すべりと山岳の植生．地学雑誌 122: 768-790.

川辺百樹・清水長正・澤田結基　2009. 夕張山地のエゾナキウサギ生息地．ひがし大雪博物館研究報告 31: 23-34.

宮城豊彦　2002. 地すべりによって形成される土地自然特性とその保全．地すべり 39: 343-350.

三島佳恵・檜垣大助・牧田 肇　2009. 白神山地の小規模地すべり地における微地形と植生の関係．季刊地理学 61: 109-118.

野手啓行・沖津 進・百原 新　1999. ヤツガタケトウヒとヒメバラモミの生育立地．日本林学会誌 81: 236-244.

小川滋之・沖津 進　2012. 外秩父山地の地すべり地における微地形と植生分布の関係．地域研究 52: 24-30.

岡村俊邦・磯貝晃一　2002. 地すべり地の自然の多様性とその環境的意義．地すべり 39: 351-355.

沖津 進　2006. ロシア極東沿海地方南部に分布するモンゴリナラ - ヤエガワカンバ林の構造，更新とヤエガワカンバの植生地理学的意義．植物地理・分類研究 54: 135-141.

Sakai, A. and Ohsawa, M. 1994. Topographical pattern of the forest vegetation on a river basin in a warm-temperate hilly region, central Japan. Ecological Research 9: 269-280.

Sasaki, N. and Sugai, N. 2015. Distribution and development processes of wetlands on landslides in the Hachimantai Volcanic Group, NE Japan. *Geographical Review of Japan* 87B: 103-114.

佐藤 剛・浅野志穂・土志田正二・伊藤谷生・苅谷愛彦・宮澤洋介　2013. 飛騨山脈・八方尾根

主稜線に分布する線状凹地の形成期．日本地理学会発表要旨集 83: 236.
高橋伸幸・五十嵐八枝子　1986. 北海道中央高地，大雪山における高地湿原の起源とその植生変遷 2. 第四紀研究 25: 113-128.
高岡貞夫　2013. 地すべりが植生に与える影響：特に長期的な視点からの研究の意義について．植生学会誌 30: 133-144.
Takaoka, S. 2015. Origin and geographical characteristics of ponds in a high mountain region of central Japan. *Limnology* 16: 103-112.
高岡貞夫・苅谷愛彦・佐藤 剛　2012. 北アルプス北部における高山湖沼の成因と分布に対する地すべりの影響．地学雑誌 121: 402-410.
高岡貞夫・スワンソン, F. J. 2013. カスケード山脈の地すべり地に形成された草原・低木林の分布とそれらの野生生物の生息地として役割．日本地理学会発表要旨集 83: 238.
梅本 亨　1994. 東北地方における山地気候の地理学的研究－奥羽山脈南西部の谷における気温観測からの考察．明治大学人文科学研究所紀要 36: 213-228.
Varnes, D. J. 1978. Slope movement types and processes. In *Landslides Analysis and Control, Transportation Research Board, National Academy of Sciences, Special Report* 176, eds. R. L. Schuster and R. J. Krizek, 11-33. Washington.
八木令子　2003. 地すべり移動体の微地形構成とその配列パターン：地すべり地形の発達過程解析手法としての地形分類の意義．地形 24: 261-294.
Yamamoto, S-I. 2000. Forest gap dynamics and tree regeneration. *Journal of Forest Research* 5: 223-229.
吉田英嗣　2010. 土砂供給源としてみた日本の第四紀火山における巨大山体崩壊．地学雑誌 119: 568-578.

....

《考えてみよう》

　　統合自然地理学の代表格である地生態学的研究である．これまでの地生態学研究では，地すべりや崩壊などの重力性地形に関する研究は多くない．図 2-7 中の矢印（影響関係）をあきらかにするには，どうしたらよいのだろうか．

高岡　貞夫(たかおか＝さだお)　専修大学教授　e-mail: takaoka@isc.senshu-u.ac.jp　1964 年東京都生まれ．東京都立大学理学部・大学院理学研究科で地理学を学ぶ．博士（理学）．高校までは地学と生物学が好きであったが，大学進学先はどちらでもない（どちらも取り組める）地理学を選んで良かったと，後になって思うようになった．都立大では分野に縛られずに研究を進める岩田修二先生や堀信行先生の姿に触れ，その研究スタイルに憧れをもつようになった．著書に『景観の分析と保護のための地生態学入門』（古今書院共著），『自然地理学』（ミネルヴァ書房共著），『上高地の自然誌』（東海大出版共著）．

第3章　ケニア山の氷河の後退と植生の遷移に関する総合自然地理学

水野　一晴

> 近年，ケニア山の氷河は急速に後退している．氷河が後退するにつれて，植物種は山を登っている．氷河の後退は温暖化によるものなのだろうか？　また，このような植物の遷移は，どのような環境因子の相互作用のもと進行しているのであろうか？　氷河の後退と植物の遷移の関係について明らかにするためには，その場所の地形や気候，土壌や水分条件，地表の安定性などを総合的に調査し検討する必要がある．

キーワード：熱帯高山，温暖化，氷河縮小，植物遷移，土壌発達

1　はじめに

　ケニア山は，山麓に住むキクユやマサイの人びとにとって，その頂が神聖な場所とされ，"Ngai"（ンガイ）「神」の家があると信仰されている．ケニア山周辺に住むキクユの人びとは，干ばつが続くと90歳以上の男性4人が家族と離れて1軒の家の中で1週間にわたってンガイに祈り，その後，大きなイチジク（あるいはスギやオリーブ）の木の下で子羊を生け贄にしてンガイに向かって祈り続ける（大谷2016）．この儀式で雨が降らなければ，またこの行為が繰り返される．この祈りは平和や健康などについてもおこなわれる．毎年12月27日には，ケニア山周辺の人びと約3,000人が車や貸し切りバスで移動しながらケニア山に向かって祈る．キリマンジャロやケニア山の麓の村からは，山頂部の氷河が太陽の光を反射させて輝いているのが見える．しかし，氷河は年ねん小さくなっているので，その神が宿る高山が輝かなくなるのはもう間近だ．

現在，氷河を有しているアフリカの高山はキリマンジャロ，ケニア山，ルウェンゾリ山のみであるが，近年それらの氷河はますます急速に融解し（Thompson et al. 2002），近い将来に消滅することが予想されている．氷河が縮小すると氷河前面の植生が変化する．氷河縮小に伴う氷河前面の植物遷移については，北アメリカやスカンディナビア，他の極地，ヨーロッパアルプスなどでは十分な研究がおこなわれてきたが，熱帯高山での研究は少ない．

　世界的には，多くの研究が，異なった時代のモレーン間の植生の変化を記述し，その何百年の変化を年代順に記録してきた（たとえば Mori et al. 2008）．しかしながら，このような以前の氷河拡大の年代序列や歴史的記録に基づいた，植物群落の遷移を明らかにする研究に対して，氷河の後退や植物の前進をリアルタイムで記録した研究はほとんど見られない．その中で，Mizuno（1998, 2005a, 2005b）の研究は，ケニア山のティンダル氷河の以前の記録を足掛かりにして，最近 50 年以上の期間にわたってリアルタイムで，氷河の後退過程と一連の植物種の動態の関係を解明したと評価された（Nagy and Grabherr 2009）．

　多くの研究は，ティル（氷河成堆積物）の年代によって示される時間が，植物種の分布を支配する主要因であることを示している（たとえば Matthews 1992）．これまでの研究では，たとえばグランドモレーン上で高山草原の極相に到達する遷移には数百年かかると論じられている（Raffl and Erschbamer 2004）．被覆率の低い先駆的植物群落は 20 世紀の堆積物上に生育し，一方，被覆率の高い群落は 19 世紀に形成されたモレーンでおもに成立しているとされる（Caccianiga and Andreis 2004）．中央イタリア＝アルプスのヴェンティナ氷河でカバノキの立地パターンを検討した Garbarino et al. (2010) は，立地密度や年代にもっとも影響を及ぼしている要因は，リターの被覆や標高のほか，氷河末端や種子の供給源への距離であることを明らかにした．

　ケニア山では，Coe (1967) は，各植生帯の群落，とくに高山帯における植物の侵入・定着について論じ，その中でティンダル氷河とルイス氷河の後退と各植物種の前進過程を示した．また，Spence (1989) は，1958 年から 1984 年にかけてのティンダル氷河とルイス氷河の後退と各植物種の前進過程を示した．これらの研究をもとに，Mizuno（1998, 2005a, 2005b）は，1992 年，1994 年，1996 年，1997 年，2002 年の現地調査によって，ティンダル氷河の末端近くに生育できる

先駆的植物は，氷河の後退にともなって前進していることを明らかにした．とくに，一日の気温変化が激しい熱帯高山の氷河周辺では，氷河消滅後の時間経過に加えて，地表の安定性が植生分布に大きく影響を及ぼしていることを明らかにした（Mizuno 1998, 2005a, 2005b）．

一方，2009 年には，ケニア山の氷河周辺でこれまで報告されてこなかった植物種が発見されている．これは，いくらかの種は，氷河の後退とは無関係に，その分布前線を前進させているようにみえる．しかしながら，氷河後退と温暖化の両方の植生遷移への影響を検討した研究はこれまでなく，両者の関係は十分に明らかになっていない．

したがって，さらに以下の点を解明すべく調査を行った．
1. 近年の氷河の後退は気温の上昇によってもたらされたのか？
2. 植物群落はどのように氷河の後退に反応してきたのか？
3. 植物の株数や植被率は氷河の末端からの距離（氷河成堆積物の年代）とともにどのように変化しているのか？
4. 地形は堆積物の分布にどのような違いをもたらすのか？ また，その地形や堆積物は水分条件や斜面の安定性を通して，植生分布にどのように関わっていくのか？
5. 氷河から解放されてからの年数（氷河末端からの距離・氷河成堆積物の年代）とともに，土壌はどのように発達していくのか？
6. 温暖化（気温上昇）が直接植物分布にどのような影響を及ぼしているのか？

この論文では，上記の１～６を解明するために，2006 年，2009 年，2011 年，2015 年，2016 年の調査結果も含め検討する．

氷河の後退にともなう植生の遷移を明らかにするためには，氷河から解放されて年数が経つにつれ，土壌がどのように変化していくかについて分析することが重要である．土壌によって水分条件や栄養度が異なるため，土壌は植物の生育と大きく関係している．土壌の生成には岩盤の風化に始まって，植物の侵入・定着が大きな働きをしている．植物起源の有機物（腐植）が土壌に栄養分を与えていくからである．このように植生と土壌は相互に密接な関係にある．

植物の侵入・定着には地表の安定性が影響を及ぼすが，その地表の安定性には地表構成物質と地形が関わってくる．氷河から解放されて年数が経っても，地表

が不安定であると植物が侵入しにくく，植物遷移が進まない．したがって，氷河後退と植生遷移の関係をみるためには，地形や構成物質の安定度も検討する必要がある．このように，「氷河の後退にともなう植生の遷移」を解明するためには，「地形－気候－土壌－植生」を総合的に調査・分析していく必要がある．

2 ケニア山の概要

　ケニア山"Kirinyaga"（キリニャガ）は赤道直下に位置するアフリカ第二の高峰で，ケニアの国名の由来にもなっている．アフリカ大地溝帯（リフトバレー）に沿って形成されている古い火山である．ナイロビ北北東約 150 km，赤道直下に位置し，比較的豊富な植生に覆われる．その山頂のバティアン峰は 5,199 m の高さで，他にネリオン峰（5,188 m），レナナ峰（4,988 m）などがある（図 3-1）．それらはおもに 310 万年前から 260 万年前に，断続的な火山噴火によってつくられ，長い間に山頂部の山体が削剥され，火道を満たしていた固結した溶岩が残って鋭い山頂部が形成された．岩質は玄武岩，フォノライト，粗面岩，閃長岩など

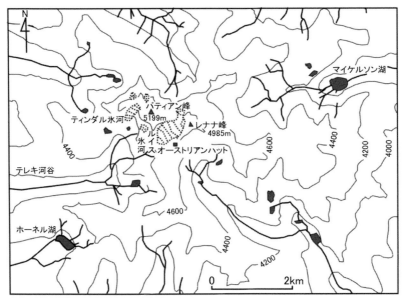

図 3-1　ケニア山の海抜 4,000 m 以上の概略地図（Mizuno 1998）．

である（Baker 1967; Bhatt 1991）．

　ケニア山の年降水量は南東斜面で多く，標高 2,250 m で 2,500 mm に達するのに対し，北斜面では 1,000 mm 以下である（Mahaney 1984; Hastenrath 1991）．年降水量は，南，西，東斜面の標高 2,500～3,000 mm で最大，山頂に向かうにつれて減少する．標高 4,500 m 以上では降水の多くは雪や雹の形で降る．

　森林限界以上の高山帯に巨大な半木本性植物ジャイアントセネシアやジャイアントロベリアが分布し，熱帯高山特有の不思議な景観を生み出している．ケニア山にはかつて 18 個の氷河が存在していたが少しずつ消滅し，現在はルイス氷河やティンダル氷河など数個が残るのみである．

　ケニア山は，上部から冠雪帯（雪線以上），高山帯，ヒース帯（Hagenia-Hypericum 帯），タケ地帯，山岳林，サバンナ（耕作・草地帯）となっている（Coe 1967）．このうち高山帯は下部で，*Festuca*, *Agrostis*, *Descampsia* 属の優占するタソック草原となり，その中に *Lobelia keniensis* などを含んだ群落となっている．その上部はキク科の *Senecio* 属，とくに *S. keniodendron*, *S. brassica*, *Alchemilla argyrophylla* の群落となる（図 3-2）．

　ケニア山の山頂部には氷河が分布するが，その直下には，先駆種であるキク科キオン属の高山植物セネキオ＝ケニオフィトウム *Senecio keniophytum* やアブラナ科の *Arabis alpina* などが分布し，氷河の後退とともにその分布域を広げている．また，その斜面下方の安定した斜面には，セネキオ＝ケニオデンドロン *Senecio keniodendron*（キク科，キオン属）やロベリア＝テレキイ *Lobelia teleki*（キキョウ科，ミゾカクシ［サワギキョウ］属）などの大型半木本性ロゼット型植物が生育している．

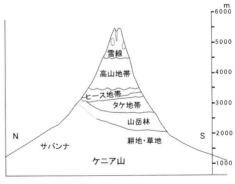

図 3-2　南北断面でみたケニア山の植生の垂直分布（Coe 1967）．

3　近年の温暖化・氷河縮小と地形発達

　ケニア山の西側山麓の Nanyuki Meteorological Station（0.03°N, 37.02°E, 高度 1,890

m 地点）の気温は 1963 年から 2010 年までの 47 年間で 2℃以上上昇している（図 3-3）．一方，1956 年から 2011 年までの同地点での降水量データを見ると顕著な降水量の減少はない．

高度 1,890 m の上記観測地点の気温データと高度 3,678 m の Mt. Kenya Global Atmosphere Watch（GAW）Station（0.06°S, 37.30°E）の気温データから，気温の低減率は 0.63℃/100 m と求められ，それから氷河末端の高度 4,500 m の気温が算出された．その高度 4,500 m の月平均最低気温の変化と氷河の後退過程は有意な関係があった（$y=5.882x+45.427$, $R2=0.6625$; $P=0.0085$）（Mizuno and Fujita 2014）．

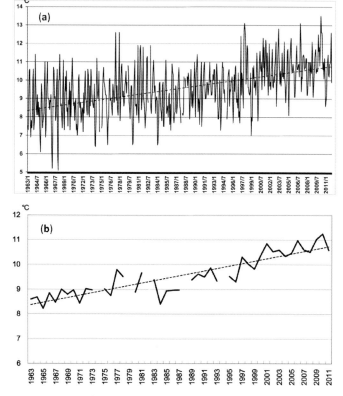

図 3-3　ケニア山山麓 1,890m 地点での 1963 年から 2011 年までの気温変化．
(a) 日最低気温の月平均値，(b) 日最低気温の年平均値
（Kenya Meteorological Department のデータより作成）．

このことから，ケニア山の氷河縮小はおもに気温上昇（温暖化）が原因と推察される．

図3-4にティンダル氷河末端と周辺の地形を示した．氷河が拡大するときは，氷河はブルドーザーのように岩礫や土砂を前に運び，氷河が縮小すると，その岩礫や土砂をその場に置いてくる．その小山をモレーンというが，ティンダル氷河の周辺には約100年BP（1950年から約100年前）に形成されたと推定されているルイスモレーン（図3-5）が分布し，さらに斜面下方に約900年BPの氷河前進期に形成されたと考えられているティンダルモレーンが分布している（Mahaney 1989, 1990; Mizuno 1998; 水野 2005）．図3-4に示されるティンダル氷河の末端の位置をみると，過去150年間では氷河は後退する一方であった．そのため150年前以降の新しいモレーンは見られない．

ティンダル＝ターン（池）の東側などには，周辺の急崖から風化生産された岩屑がその基部に堆積した地形である崖錐が見られる．崖錐は，不安定な岩屑から

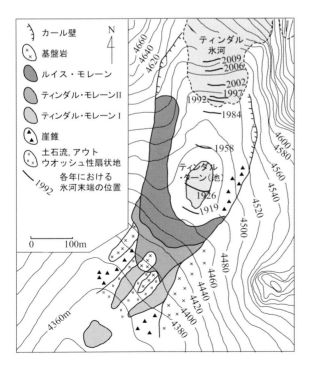

図3-4 ケニア山，ティンダル氷河周辺の地形学図（水野 2003）．ティンダル氷河末端の位置は，1919, 1926: Hastenrath（1984）; 1950, 1958: Charnley（1959）による．Lewis モレーン（Lewis Till）と Tyndall モレーン（Tyndall Till）の名称は，Mahaney（1984; 1989）および Mahaney and Spence（1989）に基づく．

図 3-5　ケニア山の主峰バティアン峰（5,199 m）．左手の氷河がティンダル氷河（1992 年）．手前のモレーンがルイスモレーン．

図 3-6　ティンダル氷河から発見されたヒョウの遺骸（1997 年）．ヒョウの年代は放射性炭素年代測定により今から 900 ～ 1,000 年前のものと判明した．

なる斜面のために植物の定着は乏しい．モレーンの斜面下方には土石流や氷河の融雪水が運搬・堆積した地形であるアウトウオッシュ（氷河融解水流）性の扇状地が見られる．

　1997 年の調査時にはティンダル氷河の末端の氷から体半分が出ていたヒョウの遺骸を発見した（図 3-6）．放射性炭素による年代測定をしたところ今から約 900 ～ 1,000 年も前のヒョウであることがわかった（水野・中村 1999；水野 2005；Mizuno 2005a, 2005b）．900 ～ 1,000 年前といえば平安時代末期にあたり，それまで続いた温暖期から寒冷期に移行するころである．そのころ，このあたりに生息していたヒョウがその後 19 世紀まで続いた寒冷期の間，氷の中でずっと眠り続け，そしてその眠りを覚まさせたのは他ならぬ近年の温暖化であった．

4　氷河後退と植生の遷移

　ケニア山では，氷河の動態についてこれまで多くの研究がなされてきた（たとえば Hastenrath 2005）．氷河の変動と堆積物の関係も検討されてきた（たとえば Mahaney 1990）．ティンダル氷河は，1992 年から 2016 年まで急速に後退している（図 3-7）．ティンダル氷河の後退速度は，1958 ～ 1996 年には約 3 m/ 年，1997 ～ 2002 年は約 10 m/ 年，2002 ～ 2006 年は約 15 m/ 年，2006 ～ 2011 年は約 8 m/ 年，2011 ～ 2016 年は 7 ～ 17 m/ 年であった．

　その氷河後退の後を追うように，先駆的植物種 4 種は，それぞれの植物分布の最前線を斜面上方に拡大させている．とくに，氷河が融解した場所に最初に生育できる第一の先駆種，キク科キオン属のセネキオ＝ケニオフィトウム（図 3-8）は，

第 3 章　ケニア山の氷河の後退と植生の遷移に関する総合自然地理学　35

図 3-7　1992 年から 2016 年までのティンダル氷河の縮小変化.

氷河の後退速度とおなじような速度で前進している（図 3-9；図 3-10）.

1996 年に氷河末端に接して設置した永久プロット（幅 80 m × 長さ 20 m）で植物分布の調査を開始したが，セネキオ = ケニオフィトウムの個体数と植被率がともに，15 年後の 2011 年には大幅に増加していた（図 3-11）．この 15 年間で，プロット内の各方形区（2.5 m × 2.0 m）の植物株の平均数は 14 倍に，各方形区の平均植被率（地表を植物が覆う率）は 183 倍に増加していた（Mizuno and Fujita 2014）．また，1996 年にはプロット内の生育種はセネキオ = ケニオフィトウムの 1 種のみであったが，2011 年には分布の大半は同種であったものの，他にも 3 種が生育していた．最近氷河が消失した場所では，氷河末端から 16 〜

図 3-8　氷河融解後，最初に生育できる先駆的植物のセネキオ = ケニオフィトウム（キク科キオン属）.

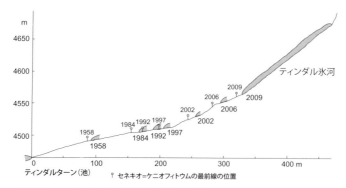

図 3-9 ケニア山ティンダル氷河の後退と植物の遷移（Mizuno and Fujita 2014）．1958 年から 2009 年までの氷河末端の位置と第一の先駆種セネキオ＝ケニオフィトウムの最前線の位置（植物の分布範囲のうち氷河末端に一番近い個体の位置）．（1958 年のデータは Coe 1967 より，1984 年のデータは Spence 1989 より引用）．

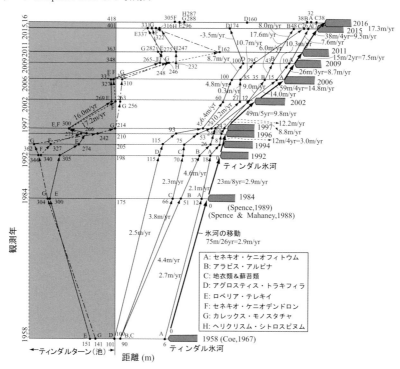

図 3-10 ケニア山，ティンダル氷河前面の後退と高山植物の位置の変化（Mizuno and Fujita 2014 に，2015 年と 2016 年のデータを追加）．横軸：ティンダル氷河末端から各植物種の生育前線までの距離（m）．縦軸：年代（縦軸の長さは年数を示す）．矢印：ティンダル氷河末端［太線］および各植物種の生育前線の位置の移動（矢印の傾きは移動速度を示す）．

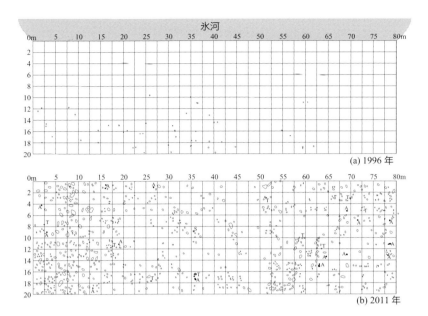

図 3-11　氷河末端位置に接して 1996 年に設けられた方形区 (80 m × 20 m) の (a) 1996 年と (b) 2011 年のセネキオ＝ケニオフィトウムの分布 (Mizuno and Fujita 2014). A: アラビス＝アルピナ, T: アグロスティス＝トラキフィラ, S: セネキオ＝ケニオデンドロン.

18 m の距離で，それ以下の距離に比べて有意に，植物株数が多く，植被率が高いが，氷河消失から年数が経つとその傾向はみられなくなった．氷河の消失から 5〜6 年で，多くの実生が生育していた（Mizuno and Fujita 2014）．

5　地形と堆積物がもたらす水分条件と斜面の安定性による植生分布

　氷河末端近くでは，セネキオ＝ケニオフィトウムは，岩盤が尾根状（堤防状）の凸型斜面をつくっているところに多く分布する．岩盤の割れ目や岩塊のすき間などに多く生育しているのである．その理由は，そのような場所には細粒物質が集積しやすく，そこに種子が落ちると，その細粒物質に保持された水分の供給を受けて植物は生育し，さらに細粒物質で根が固定されるからである．また，まわりの安定した岩盤や岩塊が安定性の確保に重要な役割を果たしている．

　大型半木本性ロゼット型植物であるジャイアントセネシオのセネキオ＝ケニオデンドロンとジャイアントロベリアのロベリア＝テレキイの立地環境を検討

図 3-12　ジャイアントセネシオのセネキオ＝ケニオデンドロン（写真中央）とジャイアントロベリアのロベリア＝テレキイ．

した結果，ロベリア＝テレキイは土石流・アウトウオッシュ性斜面に多く，セネキオ＝ケニオデンドロンはモレーン上でよく成長していた（水野 2003; Mizuno 2005b）（図 3-12）．ロベリア＝テレキイは毎年地上部が枯れるが，セネキオ＝ケニオデンドロンの半木性の幹（茎）は枯れず，その幹を毎年成長させている．このような両者の植物の生活型の違いが，土石流・アウトウオッシュ性斜面とモレーンという異なった立地にそれぞれ適応していると考えられる．すなわち，凹型の土石流・アウトウオッシュ性斜面では，現在でも発生する土石流やアウトウオッシュが植物の生育を阻害する．しかし，その地形の形状から土壌水分が多いことが推定され，ロベリア＝テレキイにとっての好ましい立地となっているのであろう．一方，凸型斜面であるティンダルモレーン I の方は，モレーンが形成されてから土石流やアウトウオッシュの影響を受けることが少なく，地表が安定しているため，長年かけて生育した大型のセネキオ＝ケニオデンドロンが多いと考えられる．また，ティンダルモレーン I のような大きな岩塊が堆積している場所がセネキオ＝ケニオデンドロンの立地になっている理由としては，大きな岩が日中の日射で暖まり，その熱がセネキオ＝ケニオデンドロンの生育に好適だからではないだろうか．さらに，実生や稚樹が岩をつたう水分を利用できて，岩陰は風雪から守られるという利点があることも推察される．

6　氷河の後退にともなう土壌の発達と植生遷移

　多くの植物が生育するにはまだ困難な土壌条件の場所には先駆種しか侵入できない．氷河から解放されてから 5 年や 13 年の場所では，まだセネキオ＝ケニオフィトウムしか生育しておらず，土壌は細礫混じりの壌質砂土や砂土など粒子の粗い土壌で，色も灰オリーブ色や黄灰色など，腐植が少ないため灰色っぽい色をしている（Mizuno 1998; Mizuno and Fujita 2014）（図 3-13）．氷河消失からの年数

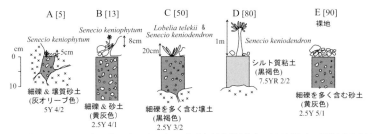

[ ]: 各調査地点の堆積物（土壌）の年代（年）（氷河の後退速度と各調査地点の氷河末端からの距離から求めた）

図 3-13　各調査地点での土壌断面図（Mizuno 1998; Mizuno and Fujita 2014）．ラテン名は生育する植物名．

が経つと，砂礫の風化が進んで土壌粒子が細かくなり，先駆種の腐植が堆積していって栄養分が相対的に多い土壌に発達していく．氷河から解放されて 50 年経っている場所では，先駆的植物の腐植が堆積しているため，土壌の色が黒くなり，黒褐色のやや粒子の細かい壌土になっている．そこは，大型半木本性ロゼット型植物のセネキオ＝ケニオデンドロンやロベリア＝テレキイの実生が生えてきて，より多くの植物が生育できる環境に変化していく．さらに氷河から解放されて 80 年が経っている場所では，セネキオ＝ケニオデンドロンが背丈 1 m くらいに成長しており，土壌母材はシルト質粘土と細かくなって，腐植の堆積により黒褐色になっている．

7　地表の不安定性と植生の侵入・定着

氷河から解放されて 100 年が経っている場所でも，地表が細かい礫で覆われて地表の移動量が激しい場所では，植物の侵入・定着が難しく，裸地になっている（図 3-13 の E）．裸地で細かい礫が堆積しているルイスモレーン上に，1994 年 8 月に黄色のペンキで地表にラインを引き，そのラインがどのように変化するかを調べたところ，1994 年 8 月～1996 年 8 月の 2 年間で最大 6.1 m，1994 年 8 月～2002 年 8 月の 8 年間で最大 32 m，ペンキラインが移動していた（Mizuno 2005a, 2005b）．その原因は凍結融解作用による砂礫の移動である．

熱帯高山では 1 日の気温較差が大きく，ケニア山の氷河周辺でも 1 日の気温変化が 10℃以上ある．そのため 1 日の間に気温が 0℃を上下し，地表の凍結融解作用が大きく働いている．そのような場所の土壌は，氷河から解放されて間もない

場所と同じように未発達である．このように土壌の発達には，氷河から解放されてからの年数にともなう植物の定着と，地表物質の移動がなく地表が安定することによる植物の定着との両方の影響を受けていることがわかる．

8 温暖化とケニア山の植生遷移

2006年までティンダル＝ターン（池）北端の斜面上方には生育していなかったムギワラギクの仲間ヘリクリスム＝シトリスピヌム Helichrysum citrispinum（図3-14）が，2009年にはティンダル＝ターン北端より上方の，ラテラルモレーン上に32株が分布していた（図3-10）．これは，氷河後退にともなう植物分布の前進ではなく，気温上昇による植物分布の高標高域への拡大と推定される（Mizuno and Fujita 2014；水野 2016）．2009年の3〜9月の気温が平年より1℃以上高かったため，生育範囲が斜面上方に一気に広がったと推察される．

ヘリクリスム＝シトリスピヌムは，通常暖かくなる12〜2月に開花する植物であるが，2009年には8月に開花していた．これは，2009年の4〜8月の気温が，平年の12〜2月なみの暖かい気温に達したため，8月に開花したものと推定される．気温が平年値であった2011年8月には，ヘリクリスム＝シトリスピヌムは49株（プラス17株）に増えていたものの，つぼみをもつものが1株あったのみで開花していなかった．

また，大型の半木本性ロゼット型植物であるセネキオ＝ケニオデンドロンは，1958〜1997年には分布が斜面上方に拡大するという動きはみられなかったが，1997〜2011年には斜面上方に拡大している（図3-10）．この種は，氷河後退が直接遷移に関係しているのではなく，先駆種の斜面上方への拡大による土壌条件の改善と温暖化が生育環境を変化させ，その結果，斜面上方に拡大していると考えられる．

図3-14 ムギワラギクの仲間ヘリクリスム＝シトリスピヌム Helichrysum citrispinum．ヘリクリスムの仲間はエバーラスティングフラワー（永久花）と呼ばれている．2006年までティンダル＝ターン（池）北端の斜面上方には生育していなかったが，2009年にはラテラルモレーン上に32株が分布していた．

9 まとめ

1. ケニア山のティンダル氷河は，近年，大きく後退している．この氷河の後退には気温上昇，すなわち温暖化が影響を及ぼしている．
2. 後退する氷河の後を追うように，先駆的植物種4種は，それぞれの植物分布の最前線を斜面上方に拡大させている．とくに，氷河が融けた場所に最初に生育するセネキオ＝ケニオフィトウムは，その分布の最前線が氷河の後退速度とほぼおなじ速度をもちながら前進している．
3. 1996年に氷河末端に接して設置した永久プロットでは，セネキオ＝ケニオフィトウムの個体数と植被率がともに2011年には大幅に増加した．最近氷河が消失した氷河末端近くでは植物株数や植被率が大きく増加するが，氷河消失から10年以上経つと増加傾向は低下する．
4. セネキオ＝ケニオフィトウムは，比較的斜面が安定している地形に，また，セネキオ＝ケニオデンドロンは，安定したモレーン上に多く分布する．一方，ロベリア＝テレキイは，むしろ土壌水分が多い土石流やアウトウオッシュ性斜面に分布する．このように，地形による堆積物の違い，それによる水分条件や地表の安定性の違いが，先駆的植物の分布に影響を与えている．
5. 氷河から解放されてから10年以下の場所では，土壌は細礫混じりの粒子の粗い土壌で，腐植が少ないため灰色っぽい色をしている．氷河消失からの年数が経つと，砂礫の風化が進んで土壌粒子が細かくなり，先駆種の腐植が堆積して栄養分が多い土壌に発達していく．氷河から解放されて50年経っている場所では，腐植が堆積して黒褐色のやや粒子の細かい壌土になる．

   ケニア山では地表面に凍結融解作用が強く働くため，細かい岩屑からなる場所では地表物質の移動によって植物が定着しにくく，土壌は発達しない．このように，土壌の発達は，氷河から解放されてからの年数と，地表物質の移動にともなう植物の定着度の影響を受ける．
6. ヘリクリスム＝シトリスピヌムは，2006年までティンダル・ターン北端の斜面上方には生育していなかったが，2009年には32株が分布していた．これは，気温上昇による植物分布の高標高への拡大と推定した．また，1958-1997年には斜面上方に拡大する傾向がみられなかったセネキオ＝ケニオデンドロンが，1997〜2011年には山の斜面を登って拡大している．この種の拡大には，先駆

種の拡大による土壌成熟と温暖化が貢献していると考えられる.

以上の1～6をまとめると,氷河の後退が植生の侵入・遷移をもたらしているが,それには地形による堆積物の違い,さらには水分条件や地表の安定性が関わっている.この植生侵入・遷移には,氷河の後退が直接関わる種と,温暖化が直接影響している種とが存在する.

このような関係は,植生に関わる気候・氷河・地形・土壌・水分条件などを総合して観察・考察して得られたものであることを最後に強調しておこう.

【謝辞】
　著者の水野は岩田修二先生が都立大から三重大に移られる前年の1年間,先生にご指導いただいた.それは論文指導から,ゼミでのアドバイス,北アルプス白馬岳での現地指導まで,さまざまなご指導や厳しいご意見であった.その1年間は私にとって非常に新鮮かつ濃厚な期間であった.これまでのご指導に対し,厚くお礼申し上げたい.また,今後もさらなるご指導・ご鞭撻をいただければ幸いである.

【参照文献】

Baker, B. H. 1967. *Geology of the Mount Kenya area.* Report No.79, Nairobi: Geological Survey of Kenya.

Bhatt, N. 1991. The geology of Mount Kenya. In *Guide to Mount Kenya and Kilimanjaro*, ed. I. Allen, 54-66. Nairobi: The Mountain Club of Kenya.

Caccianiga, M. and Andreis, C. 2004. Pioneer herbaceous vegetation on glacier forelands in the Italian Alps. *Phytocoenologia* 34: 55-89.

Charnley, F. E. 1959. Some observations on the glaciers of Mount Kenya. *Journal of Glaciology* 3: 483-492.

Coe, M. J. 1967. *The Ecology of the Alpine Zone of Mt. Kenya.* Hague: Dr. W. Junk Publishers.

Garbarino, M., Lingua, E., Nagel, T. A., Godone, D. and Motta, R. 2010. Patterns of larch establishment following deglaciation of Ventina glacier, central Italian Alps. *Forest Ecology and Management* 259: 583-590.

Hastenrath, S. 1984. *The Glaciers of Equatorial East Africa.* Dordrecht: Reidel.

Hastenrath, S. 1991. The climate of Mount Kenya and Kilimanjaro. In *Guide to Mount Kenya and Kilimanjaro*, ed. I. Allen, 54-66. Nairobi: The Mountain Club of Kenya.

Hastenrath, S. 2005. *Glaciological studies on Mount Kenya 1971-2005*, Madison: University of Wisconsin.

Mahaney, W. C. 1984. Late glacial and post glacial chronology of Mount Kenya, East Africa. *Palaeoecology of Africa* 16: 327-341.

Mahaney, W. C. 1989. Quaternary glacial geology of Mount Kenya. In *Quaternary and Environmental*

Research on East African Mountains, ed. W.C. Mahaney, 121-140. Rotterdam: Balkema.

Mahaney, W. C. 1990. *Ice on the Equator: Quaternary Geology of Mount Kenya*. Sister Bay: Wm Caxton Ltd.

Mahaney, W. C. and Spence, J. R. 1989. Lichenometry of Neoglacial moraines in Lewis and Tyndall cirques on Mount Kenya. *Zeitshrift für Gletscherkunde und Glazialgeologie* 25: 175-186.

Matthews, J. A. 1992. *The Ecology of Recently-deglaciated Terrain. A Geoecological Approach to Glacier Forelands and Primary Succession*. Cambridge: Cambridge University Press.

Mizuno, K. 1998. Succession processes of alpine vegetation in response to glacial fluctuations of Tyndall Glacier, Mt. Kenya, Kenya. *Arctic and Alpine Research* 30: 340-348.

水野一晴　2003.　ケニア山における氷河の後退と植生の遷移―とくに1997年から2002年において―．地学雑誌112：608-619.

水野一晴　2005.　温暖化によるケニア山・キリマンジャロの氷河の融解と植物分布の上昇．水野一晴編『アフリカ自然学』76-85. 古今書院.

Mizuno, K. 2005a. Glacial Fluctuation and Vegetation Succession on Tyndall Glacier, Mt. Kenya. *Mountain Research and Development* 25: 68-75.

Mizuno, K. 2005b. Vegetation Succession in Relation to Glacial Fluctuation in the High Mountains of Africa, *African Study Monographs, Supplementary Issue* 30: 195-212.

水野一晴　2016.『気候変動で読む地球史―限界地帯の自然と植生から』NHKブックス．

水野一晴・中村俊夫　1999. ケニア山，Tyndall 氷河における環境変遷と植生の遷移―Tyndall 氷河より1997年に発見されたヒョウの遺体の意義―．地学雑誌108: 18-30.

Mizuno, K. and Fujita, T. 2014. Vegetation Succession on Mt. Kenya in Relation to Glacial Fluctuation and Global Warming. *Journal of Vegetation Science* 25: 559-570.

Mori, A. S., Osono, T., Uchida, M. and Kanda, H. 2008. Changes in the structure and heterogeneity of vegetation and microsite environments with the chronosequence of primary succession on a glacier foreland in Ellesmere Island, high arctic Canada. *Ecological Research* 23: 363-370.

Nagy, L. and Grabherr, G. 2009. *The Biology of Alpine Habitats*. New York: Oxford University Press.

大谷侑也　2016.　息づく山岳信仰―神が住む山キリニャガ（ケニア山）．水野一晴編『アンデス自然学』210-214. 古今書院.

Raffl, C. and Erschbamer, B. 2004. Comparative vegetation analyses of two transects crossing a characteristic glacier valley in the Central Alps. *Phytocoenologia* 34: 225-240.

Spence, J. R. 1989. Plant succession on glacial deposits of Mount Kenya, East Africa. In *Quaternary and Environmental Research on East African Mountains*, ed. W. C. Mahaney, 279-290. Rotterdam: Balkema.

Thompson, L. G., Thompson, E. M., Davis, M. E., Henderson, K. A., Brecher, H. H., Zagorodnov, V. S., Mashiotta, T. A., Lin, P. N., Mikhalenko, V. N., Hardy, D. R., and Beer, J. 2002. Kilimanjaro ice core records: evidence of Holocene climate change in tropical Africa. *Science* 298: 589-593.

《考えてみよう》
1. 熱帯の高山の気候と,温帯・寒帯の高山の気候とのちがいは何だろうか？
2. 氷河の後退による植物の侵入，気温上昇による植物の侵入，土壌条件の改善による植物の侵入には，植物にとってどのようなちがいがあるのだろうか？

水野 一晴（みずの＝かずはる）　京都大学大学院文学研究科教授　e-mail: kazuharu.mizuno@gmail.com　1958 年 名古屋市生まれ．名古屋大学文学部・北海道大学環境科学研究科・東京都立大学理学研究科で地理学を学ぶ．理学博士．日本アルプスや大雪山の「お花畑」の立地環境の解明に夢中になり，ケニア山，アンデス，ヒマラヤ，ナミブ砂漠と対象が広がる．著書に『高山植物と「お花畑」の科学』,『ひとりぼっちの海外調査』,『神秘の大地 アルナチャル―アッサム・ヒマラヤの自然とチベット人の社会―』,『自然のしくみがわかる地理学入門』『人間の営みがわかる地理学入門』,『気候変動で読む地球史―限界地帯の自然と植生から―』,『世界がわかる地理学入門―気候・地形・動植物と人間生活―』.

第4章　トチノキ巨木林はどんな場所に成立しているのか？

人為影響下の植生を対象とした統合自然地理学

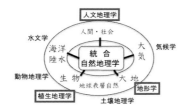

手代木 功基

> 統合自然地理学の研究対象には，人間活動の影響を受けた自然も含まれる．人為が関わる自然環境はどのように調査すべきだろうか．ここではその事例として，滋賀県西部にあるトチノキ巨木林の生育環境を明らかにした研究を紹介する．

キーワード：植生，里山，巨木，トチノキ

1　はじめに

　2010年10月，京都からもほど近い滋賀県高島市の朽木地域においてトチノキ（栃の木）の「巨木林」が伐採の危機にあるという新聞報道を聞き衝撃を受けた．実習などでしばしば訪れていた朽木はなじみの場所であったにも関わらず，そこにトチノキの巨木が存在し，さらには伐採の危機にあることは不勉強にもまったく知らなかった．

　巨木[注1)]が比較的高い密度で生育している巨木林は，人の居住域から離れた奥山や亜高山帯などの遠隔地，伐採が禁止されてきた社叢林などの人為的な影響が少ない地域でその多くが確認されてきた（たとえば奈良県春日山原始林や富山県立山のスギ巨木林など）．

　このような思い込みから，報道を聞いた当初は，朽木にもまだ人の手が入っていない森林が残っていたのかと考えていた．しかしその後，地域の方がたの協力

図 4-1 朽木のトチノキ巨木林.

を得て，朽木の巨木林の調査を開始し，そうではなかったことに改めて衝撃を受けた．調査の結果見えてきたのは，全国的にも貴重な朽木のトチノキ巨木林は，集落からほど近い山中にひっそりと，そして数多く存在していたということであった（図 4-1）.

トチノキは縄文時代から人によって利用されてきた．とくに種子（トチノミ）は，トチモチなどに加工されて日本各地の山間部において主食の一部や救荒食となってきた（たとえば野本 2005 など）．朽木においても，トチノミは古くから地域住民に食されており，現在ではトチモチが特産品として販売されるようになっている．したがって，トチノミを利用するという地域の人びとの営みが，朽木における巨木林の成立に関わっていると考えられる.

人の利用と密接に関わるトチノキ巨木の立地環境はいかなる特徴をもっているのか．人と自然の関わりを解明する地理学的な研究課題としては非常に興味深いテーマであり，伐採の危機に瀕している巨木林の実態を解明することは重要な課題である.

植生の立地環境を明らかにする研究は，おもに植生地理学においておこなわれてきた．立地環境を明らかにするためには，植生そのものに加えて，地形や地質といったその他の環境要因との因果関係を検討する必要があるため，統合自然地理学的な研究が数多くなされてきた．一方で，植生地理学がおもに対象としてき

た「植生」は，できるだけ人為の影響がないことが大前提であった．なぜならば，植生とその他の環境要因との因果関係を「科学的」に検討することが求められ，さまざまな「ノイズ」が混ざる人間活動の影響はできるだけないことが望ましいからである．したがって，日本の植生地理学では，人為的な影響が少ない高山植生などがおもな研究対象となり，地生態学ともよばれる統合自然地理学的な研究が数多くなされてきた（たとえば小泉 1998；水野 1999 など）．それに比べて「ノイズ」が混ざる人為的な影響を強く受けた植生を対象とする研究は十分になされてきたとはいい難く，対象も限られているのが実情である．[注2)]

そこで本章では，植生の立地環境を明らかにするための統合自然地理学の手法を具体的に紹介するとともに，人文学的な視点も取り入れながら，朽木のトチノキ巨木林の立地環境を検討した事例を紹介する．

2 調査地と調査の方法

2-1 調査地の概要

滋賀県高島市朽木（旧朽木村）は，滋賀県西部の山間地域に位置している（図 4-2）．朽木は京都府，福井県，滋賀県の境に位置しており，古代からさまざまな物資が行き交う交流の道が発達してきた（小牧 1957）．朽木の林野率は 92.4 ％ であり，典型的な山村である．森林地域のうち約半分が人工林であり，その他には落葉広葉樹の二次林が多い．また，標高 700 m 以上の地域では一部にブナ−ミズナラ林が成立している（滋賀自然と文化研究会 1969）．

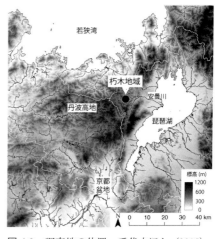

図 4-2 調査地の位置．手代木ほか (2015)．

実際に調査を行ったのは，朽木の中央部に位置している巨木林が存在する谷（Y 谷）である．対象とした集水域の大きさは 50 ha であり，六つの支谷から構成されている．

2-2 調査方法

　特定樹種（トチノキ）の生育環境を明らかにするためには，トチノキそのものの調査はもちろん，地形との関係といった環境要因も含めて検討していく必要がある．本章では，トチノキの生育環境を二つの視点からみていく．まず，谷全体を見渡す水平的な視点である．谷の環境を明らかにするために，空中写真判読と現地調査を組み合わせて谷全体の植生や地形を把握した．そして，トチノキの分布を把握するため，胸高周囲長が1 cm以上のトチノキ個体を対象に，各個体の生育場所をGPS受信機によって記録した．同時に各個体の胸高周囲長を計測して胸高直径（DBH）を算出した．

　もう一つの視点は，谷の斜面を対象とした垂直的な視点である．この調査では，トチノキの生育場所と谷地形との関係を明らかにするために，レーザー距離計を用いてトチノキが谷底からどれくらいの高さに生育しているか比高を計測した．また，トチノキ巨木の立地と斜面の微地形との関係を明らかにするため，谷底からトチノキ巨木までの斜面の簡易測量を4カ所で実施した．

　さらに先述の通り，朽木のトチノキ巨木林は人為的な影響を強く受けている可能性がある．そこで，近隣の集落において，山林利用やトチノキ・トチノミの利用等について聞取り調査を実施した．

3　トチノキ巨木林の立地環境を明らかにする

3-1　水平的視点からみた立地環境

　まず，谷の地形と植生の概要を述べる．Y谷集水域の植生は，スギやヒノキなどの針葉樹が優占する人工林と落葉広葉樹林に大まかに二分された（図4-3）．優占樹種は人工林においてはスギ，ヒノキ，落葉広葉樹林にはコナラ，ミズナラ，アカシデ，トチノキ，カツラ等であった．トチノキ巨木周辺の植生調査からは，アカシデ，ミズメ，タムシバ，リョウブ等の二次林の構成種が多数出現することが明らかになった．

　また，Y谷を構成する六つの支谷（枝谷）は，それぞれ植生が異なっていた．すなわち，人工林が優占する支谷と落葉広葉樹が優占する支谷に分けられた．朽木の多くの山林は私有地となっており，Y谷でも全ての土地が私有地であった．したがって支谷や支谷内部で土地の所有者が異なっており，これらの土地所有者

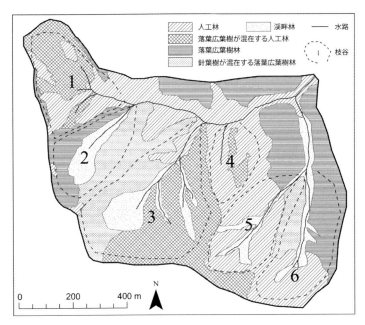

図 4-3　Y 谷の植生図．人工林は，まったくの人工林と広葉樹が混在する人工林とに分類した．落葉広葉樹林は，まったくの落葉広葉樹林，針葉樹が混在する落葉広葉樹林，および渓畔林に細分した．手代木ほか（2015）．

の森林管理の違いによって植生が異なっていることが示唆される．

　Y 谷の地形は，谷底の谷底面および水路，集水域の下流部にわずかに存在した小段丘面，最上流部の谷頭凹地，下部谷壁斜面，上部谷壁斜面，尾根部の頂部斜面，地すべり性斜面に区分された（図 4-4）．谷底面や下部谷壁斜面では，基盤岩が露出する急傾斜の場所が多くみられた．とくに上流部の谷底付近の土壌は非常に薄く，樹木の根系が多数地表面に露出している場所も多くみられた．

　次に，谷全域でのトチノキの出現個体とその分布についてみてみたい．Y 谷には大小あわせて 230 個体のトチノキが出現した．トチノキの DBH の平均値は 62 cm，DBH が最大の個体は 220 cm を記録した．トチノキは DBH 50 cm 未満の小径木が 117 個体，50〜100 cm の中径木が 66 個体，100 cm 以上の巨木が 47 個体出現した．トチノキの個体サイズによる分布の差異を検討するため，トチノキの生育場所を，DBH をもとに区分してプロットした分布図を作成した（図 4-5）．

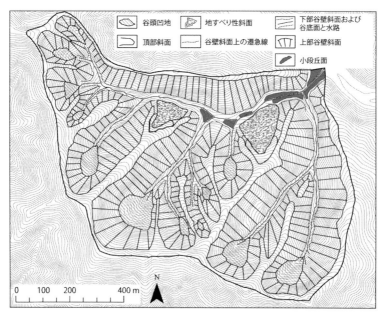

図4-4 Y谷の地形学図. 地形学図は田村 (1996), 菊池 (2001), 鈴木 (2000) 等を参考にしながら, 傾斜変換線を基準として作成した. 手代木ほか (2015).

トチノキは，その多くが谷底部の水路の周辺に出現している．一方で，胸高直径の大きさ別にみると，それぞれの特徴的な分布の傾向が明らかとなった．小径木は，谷の出口付近から上流部にかけての谷底付近に広く分布していた．一方で中径木の分布は小径木よりも上流側に限られる傾向があった．さらに巨木は，より上流部に密集して分布していた．

上記の結果から言えることは，トチノキの巨木は谷の最上流部に密生して生育しているということである．すなわち水平的視点でみると，トチノキの巨木林は谷の中のどこにでも生育しているわけではなく，谷の最上流部の限られた場所にのみ成立していることが明らかとなった．

3-2 垂直的視点からみた立地環境

ここからは，トチノキの立地環境をより詳細に明らかにするために，垂直的な視点（斜面スケールの視点）で検討していく．図4-6は，谷底からの比高がど

第4章　トチノキ巨木林はどんな場所に成立しているのか？　51

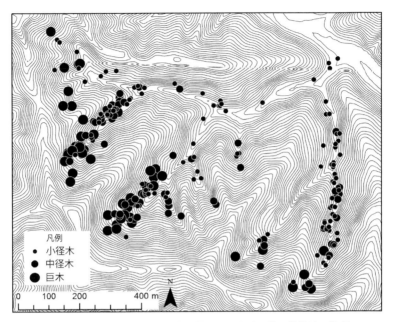

図 4-5　Y谷におけるトチノキの分布．基図は国土地理院の基盤地図情報10mメッシュ数値標高モデルより作成．等高線間隔は5m．手代木ほか（2015）を一部改変．

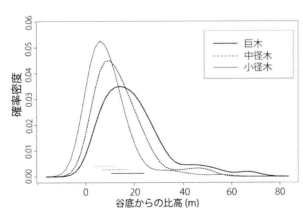

図 4-6　トチノキの生育場所と谷底との比高の確率分布．グラフの下の線分はそれぞれの比高の個体が集中している範囲（四分位範囲）を示している．手代木ほか（2015）．

の程度の場所にトチノキが生育しているかを，DBH別の確率分布で示したものである．まず小径木は，谷底から10m未満のところに出現頻度のピークがみられた．小径木が出現した比高は平均値が9.2mであり，その分布の多くが谷底からさほど離れていない場所に集中していた．次に中

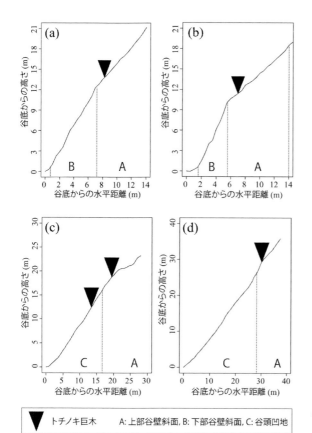

図4-7 谷の地形断面図上のトチノキ巨木の生育場所．(a), (b)は谷壁斜面, (c), (d)は谷頭凹地の測線の例．手代木ほか(2015)．

径木では，出現した比高の平均値は14.1 mであり，小径木よりも高い位置に存在していた．最後に巨木は，出現した比高の平均値は19.9 mであり，15～20 mを中心とした範囲に存在している個体が多かった．これらの結果から，トチノキの巨木は，小径木・中径木に比べると谷底からもっとも高い場所に立地しているといえる．

次に，より具体的にトチノキ巨木の生育場所と斜面の微地形との関係を検討するために，トチノキ巨木周辺の地形断面図を図4-7に示す．谷壁斜面上のトチノキ巨木においては，上部谷壁斜面と下部谷壁斜面を境する遷急線の直上に立地するという特徴がみられた（図4-7(a), (b)）．一方で，谷頭凹地においては，トチノキの巨木はわずかに凹型もしくは平滑な斜面における上部側の斜面に立地していることが多かった（図4-7(c), (d)）．また，谷頭凹地の直上に位置する上部谷壁斜面に分布する個体も存在した．さらに，トチノキ巨木の多くの個体では，その根の一部が表層付近に露出して下方の谷底部付近にまで伸ばしていることが確認できた（図4-8）．

以上によって，垂直的な視点でみたトチノキ巨木の立地環境は，谷底から15～20 m以上離れた上部谷壁斜面と下部谷壁斜面を境する遷急線の直上，もしく

は谷頭凹地の上部斜面や谷頭凹地直上の遷急線の上部に集中しており，それが遷急線に沿って帯状に分布し，巨木林を形成しているといえる．

3-3 時間スケールを加味して立地環境を考える

ここまで，トチノキ巨木林の立地環境の特徴を，Y谷における調査結果をもとに述べ

図 4-8　谷頭凹地に分布するトチノキ巨木林．

てきた．この特徴は，いったい何に起因しているのであろうか．要因を探るためには，トチノキの巨木林が成立するまでの経緯，すなわち生育してきた時間をふまえて考える必要がある．

トチノキの巨木の樹齢は，300〜700年程度と見積られている（金子 2012）．したがって，数百年単位の時間スケールが問題となってくる．こうした時間スケールでは，トチノキの土台となっている地形の形成プロセス，すなわち地形発達との関係を検討することが欠かせない．[注3]

トチノキが分布しているような山地渓畔域における地形変化は，斜面崩壊や土石流に代表されるように極めて突発的で，規模もさまざまである．そしてこれらの地形変化は植生に大きな影響を与えることが指摘されてきた．たとえば，東京都三頭山で土石流の植生への影響を調査した赤松・青木（1994）は，100年に1度程度発生する土石流による樹木の被害は集水域の下流側ほど高くなることを示した．本調査地でも，トチノキの巨木の分布を水平的にみると，上流部に巨木が多く下流部に少ない傾向がみられた．この結果は，地形変化が植生に影響をおよぼす撹乱の頻度との関係が影響していると考えられる．

また，垂直的な視点でみると，斜面の地形形成プロセスとの関連が重要になってくる．たとえば，トチノキの巨木が多く分布した遷急線以下の斜面は，崩壊をはじめとする地形変化が最も活発な部分である（羽田野 1986；田村 1990）．また，谷頭凹地でも斜面下部に至るほど，豪雨時に斜面が崩落しやすくなるという特徴

をもつ（鈴木 2000）．これらのことから，生育期間が数百年程度と長くなる巨木ほど，自然撹乱の頻度が低い遷急線上や谷頭凹地の上部斜面という比較的安定した場所に立地していると考えられる．

一方で，トチノキは乾燥に対する耐性が低い樹種であり（谷口・和田 2007），これらの地形面は必ずしもトチノキの生育適地とはいえない場所である．それにもかかわらずこのような地形面に巨木が分布しているのは，根系を谷底部や斜面の下方へと伸ばして水分を利用しているからと推定できる．

したがって，トチノキの成立環境を地形発達史的な時間スケールを加味した視点で検討すると，土石流などの被害が相対的に小さくなる最上流部であること，樹木個体を倒壊させるような大規模な撹乱を受けにくい地形面に立地すること，および生育に適した水分環境が存在するような斜面下部に根を伸ばすことができる範囲の比高にあることが重要であると指摘できる．そして，こうした環境条件が線的，面的な広がりをもつことにより，巨木が密集するトチノキ巨木林が成立しているのである．

3-4 人為影響下の植生をみる視点

ここまで，とくに自然的な要因に着目して立地環境を検討してきた．一方で，Y谷のトチノキ巨木林は，近隣の集落から4kmほどの場所に存在している．トチノキは古くから利用されてきた樹種であり，人の営為を具体的に明らかにしなければ，立地環境を明らかにすることはできない．以下では，聞取調査で得られた結果をもとに，簡単にその概要を述べる．

朽木においても，トチノミの採集やトチノキの伐採が長くおこなわれてきた歴史がある．住民は数十年前までは各世帯が所有する山へトチノミを拾いに頻繁に足を運んだと語り，採取されたトチノミはトチモチの原料として利用された．そのため，多くの世帯にとってトチノキは食糧を得られる資源であり，選択的に谷に残されてきた．

また，トチノキ以外の樹種に対する営為もトチノキの分布や生育環境と密接な関わりがある．トチノキ周辺の植生は二次林の構成種が主であり，数十年前まで薪炭林として利用されてきた．実際にY字谷の中には，炭焼き窯の跡が17カ所存在していた．そのため，巨木林周辺の樹木は定期的に伐採され，それによって

トチノキ以外の樹木の樹高が低く抑えられていたと考えられる．結果として，トチノキは他樹種と光や水をめぐって競合することが相対的に少なくなり，良好な生育環境に恵まれてきた可能性が高い．

一方で，トチノキは谷の中に広く分布していたが，巨木林はどこの支谷にも形成されているわけではなかった．それには，山林の所有形態が関係していた．谷は小さな林分単位に分割されて各世帯に所有されてきたため，現在の植生には所有者の営為が強く反映されている．たとえば，スギやヒノキの植林のためや材の販売を目的としてトチノキを伐採した世帯も存在する一方で，トチノキのみを人工林の中に残すという選択をした世帯もいる，といった状況である．したがって，トチノキは実の採取のために残され，それらは周辺植生への利用圧から良好な生育環境となっていた一方で，トチノキの現在の分布状況には，それぞれの林分の所有者の営為が強く反映され，消失していったトチノキも多数あったと考えられる．

4 おわりに

本章では，朽木におけるトチノキ巨木林と地形など自然環境要因との関係をみることを通して立地環境を検討してきた．水平的な視点と垂直的な視点を組み合わせること，また，時間スケールをふまえて考えることを通して，朽木のトチノキ巨木林が，撹乱の影響を受けにくく，かつ水分条件が良好な特定の条件下に成立していることが明らかになった．このように，統合自然地理学的な手法は，地域の自然を総体的にみることによって植生の成り立ちを解明することができる．

その一方で，トチノキ巨木林は，地域住民による選択的な保護や個人の選択の違いといった社会的な条件のもとで成立してきた．したがって，人為の影響を受けた植生の成り立ちを検討していく際には，統合自然地理学のベーシックな手法に加えて人の利用に関する人文的な調査も合わせて行っていく必要がある．

朽木の事例で示したような自然環境と人間活動との関わりについては，環境決定論的な見方が長い間敬遠されてきたことなどが影響して，自然地理学においても研究は停滞している感がある．一方で，自然地理学で扱う自然は人文的な側面も含んだものであるはずであり，そういった意味で統合自然地理学には自然と人の関係も含めたより広い意味での「統合」を視野に入れた研究も含まれるのでは

ないだろうか．

　トチノキ巨木林のような人為的な影響を強く受けてきた里山とも呼べる環境は，植生・気候・地形・地質といった自然の秩序と，歴史・文化・経済といった人間活動が複雑に絡み合って成立している（富田 2015）．過疎高齢化がますます進んでいく山間地域では，社会変化にともなって森林資源の利用形態が大きく変化している．また，森林資源は育成に長期を要するため，将来にわたる持続的な利用とそのための管理が課題となるなど新たな局面に入っている．統合自然地理学には，現代の山間地域において複雑に成り立つ環境を解明し，地域の諸課題を解決していく際の中心的な役割を果たしていくことが求められている．

【注】
1) 巨木（巨樹・大木）という語にはいくつか定義があるが，本研究では胸高直径が 100 cm 以上のものを便宜的に巨木として扱うこととする．また，胸高直径 50 cm 未満を小径木，50〜100 cm を中径木と呼称することとする．
2) 人為的影響をうけた植生研究としては，たとえば里山の湿原植生を対象とした富田（2008），タケを対象とした鈴木（2008），アフリカ乾燥地の樹木を対象とした手代木（2011）などが挙げられる．
3) 若松（2016）は，地形と植生（とくに長期間生育する樹木）の関係を検討する際に，地形形成プロセスが撹乱を通して植生に与える影響の重要性を指摘している．

【参照文献】
赤松直子・青木賢人　1994. 秋川源流域ブナ沢におけるシオジ - サワグルミ林の分布・構造の規定要因―地表攪乱と森林構造の関係について―. 小泉武栄編『三頭山における集中豪雨被害の緊急調査と森林の成立条件の再検討』31-77．東京学芸大学．
金子有子　2012. 安曇川源流域のトチノキ伐採に関する一考察. 地域自然史と保全 34 (1): 53-63.
菊池多賀夫　2001.『地形植生誌』東京大学出版会．
小泉武栄　1998.『山の自然学』岩波書店．
小牧實繁　1957. 朽木谷の歴史地理学的概観. 滋賀大学紀要第 6 号 : 65-71.
滋賀自然と文化研究会編 1969.『朽木谷学術調査報告書』滋賀県．
鈴木重雄　2008. タケノコ生産地域における竹林の分布拡大過程：千葉県大多喜町の事例. 植生学会誌 25 (1): 13-23.
鈴木隆介　2000. 河谷地形.『建設技術者のための地形図読図入門―第 3 巻 段丘・丘陵・山地』685-750．古今書院．
谷口真吾・和田稜三　2007.『トチノキの自然史とトチノミの食文化』日本林業調査会．
田村俊和　1990. ミクロな自然環境のとらえ方 1) 微地形. 松井 健・武内和彦・田村俊和編『丘陵地の自然環境―その特性と保全』47-54．古今書院．

田村俊和　1996. 微地形分類と地形発達―谷頭部斜面を中心に. 恩田裕一・奥西一夫・飯田知之・辻村真貴編『水文地形学―山地の水循環と地形変化の相互作用』177-189. 古今書院.
富田啓介　2008. 尾張丘陵および知多丘陵の湧水湿地に見られる植生分布と地形・堆積物の関係. 地理学評論 81: 470-490.
富田啓介　2015.『里山の「人の気配」を追って　雑木林・湧水湿地・ため池の環境学』花伝社.
手代木功基　2011. ナミビア乾燥地域に分布するモパネ植生帯の植生景観の特徴. アジア・アフリカ地域研究 10 (2): 107-122.
手代木功基・藤岡悠一郎・飯田義彦　2015. 滋賀県高島市朽木地域におけるトチノキ巨木林の立地環境. 地理学評論 88: 431-450.
野本寛一　2005.『栃と餅―食の民俗構造を探る』岩波書店.
羽田野誠一　1986. 山地の地形分類の考え方と可能性（シンポジウム「山地の地形分類図」要旨 11）. 東北地理 38: 87-89.
水野一晴　1999.『高山植物と「お花畑」の科学』古今書院.
若松伸彦　2016. 植生研究における微地形の重要性. 藤本潔・宮城豊彦・西城潔・竹内裕希子編著『微地形学―人と自然をつなぐ鍵』32-49. 古今書院.

....

《考えてみよう》

1. トチノキの巨木はどのような場所に生育しているのか．なぜ，そのような分布になったのだろうか？
2. 人間がトチノキを残した理由は何なのか？　逆に，トチノキを伐採した理由は何なのか？　そのちがいは何だろう．それを調べるにはどうしたらいいのだろう．

手代木　功基（てしろぎ＝こうき）　摂南大学外国語学部・講師．1984年福島県会津生まれ．東京都立大学で地理学を学び，京都大学大学院修了．博士（地域研究）．2006年からナミビア共和国で滞在型の研究を進めるとともに，国内でも調査をおこなう．アフリカで生活する中で，地域の自然を理解するためには，深い専門知識に加えてさまざまな現象を相互に結びつけることができる統合自然地理学的な見方が重要であることを痛感した．また，そこで暮らす人びとの活動をみなければ地域の自然を理解することはできないと考え，自然・人文地理学の境界領域の研究を目指している．

Column 2
地形分類図と現存植生図の双方を
作成することの意義

磯谷 達宏

　ミクロスケールでおこなわれる，現地調査を主体とする統合自然地理学的研究においては，地形分類図と現存植生図の双方を作成してそれらの間の対応関係について分析することがしばしば有効である．いくつかの自然地理学的要素のうち，地形と植生は，そのものが可視的な要素であり，それらの分類・区分は本質的に空間区分である．これは，たとえば土壌図が，いくら綿密に調査・研究したとしても地形・地質・水文・植生・人為等の情報を介した予測図としての性質をもたざるを得ないこととは大きく異なっている．地形分類図を作成すればその土地の地学的諸要素の空間的な配列を総合的に表現することができるし，現存植生図の作成によってその土地の生物的要素（しばしば新旧の人為作用の影響を含む）の分布の概要や生息基盤などを表現することができる．したがって，ある地域の調査において，おなじスケールとおなじ精度で地形分類図と現存植生図の双方を作成することによって，その地域の自然地理学的な構造の概要を比較的容易かつ正確に把握することができる．

　ミクロスケールでおこなわれる，ある地域の調査・研究において，地形分類図と現存植生図の双方を作成することの意義は，次の三つの場合にまとめられると思われる．第一は，地域の自然の構造を総体として理解しようとする場合である．ドイツの地理学者カール＝トロルにはじまるこのような研究は，20世紀なかばからランドスケープ＝エコロジーとして広く行われてきた（たとえば武内2006）．このような視点は，地域の自然地誌を記述する場合においても重要であろう．第二は，ある自然地理的要素の分布の成因論を論じる場合である．とくに，ほかの自然地理的要素の影響を強く受けて分布が決まる植生や土壌の成因について説明しようとする場合には，地形分類図と現存植生図の両者を作成してさらに調査・解析を進めることによって，説得力のある「成因の説明」に近づくことが

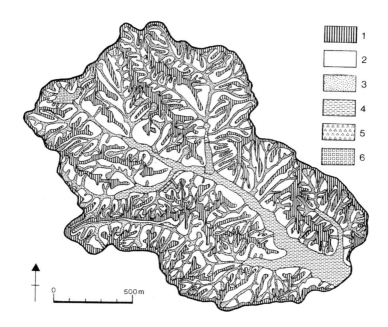

コラム図 2-1　伊豆半島南部の田牛流域における地形分類図.
1: 尾根型斜面，2: 直線型斜面，3: 谷型斜面，4: 谷底面，5: 崖錐，6: 人工地形.
コラム図 2-2 に示した常緑広葉二次林は尾根型斜面に，夏緑広葉二次林は谷型に多く出現する傾向があった．さらにこの図の直線型斜面を東西南北の 4 方位に区分した図を作成することによって，常緑広葉二次林と夏緑広葉二次林の分布傾向をより詳細に説明することができた（磯谷 1994）.

できる（たとえば小泉 1993）．著者による経験の例をあげると，常緑広葉二次林と夏緑広葉二次林のミクロな分布の傾向やその成因を説明するにあたって，現存植生図と地形分類図を作成した上で，さらに代表的な地形面上において気象観測を行って小気候を推定したことが，きわめて有効であった（コラム図 2-1，コラム図 2-2；磯谷 1994, 2001）．第三は，ある小地域の自然の管理という課題がある場合，すなわち応用地理学的な局面である．このような局面についての研究は，しばしば造園学や緑地学，森林科学，応用生態学，砂防学などでの課題としてとりあげられている．しかし，これらのどのような視点からの研究においても，地形分類図と現存植生図を作成する統合自然地理学的なアプローチを用いることが，きわめて有効である（たとえば松井ほか 1990；塚本 1998）．

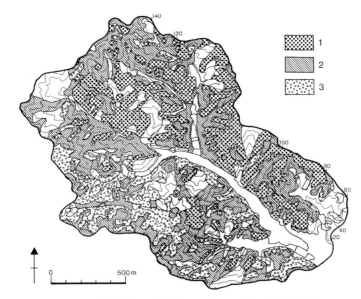

コラム図 2-2　伊豆半島南部の田牛流域における二次林の現存植生図.
1：常緑広葉二次林，2：常緑広葉・夏緑広葉混交二次林，3：夏緑広葉二次林
（磯谷 1994）.

　これまで地形分類図の作成は，地理学系の研究者によって行われてきた．一方で現存植生図の作成は，地理学系の学会に所属しない研究者（生態学者など）によっておこなわれることが多かった．上述のように統合自然地理学的な研究では地形分類図と現存植生図の双方を作成すると有効な場合が多いので，理想的には地形と植生の基礎を習得して両方の図を作成することができる人材が増えるのが望ましい．とはいえ，地形か植生のどちらか一方をある程度習得した上で，残りの分野についても基本的な理解をもっていれば，共同研究のコーディネイターとして活躍することができるだろう．

　なお，現存植生図の作成においては，相観に基づく群系レベル（常緑針葉樹林，夏緑広葉樹林など），優占種レベル（コナラ林，ブナ林など），種組成レベルのような複数の観点がある．一般に統合自然地理学的研究においては，まずは群系レベルの詳細な植生図の作成を目指すのがよいであろう．しかし，目的によっては優占種レベルで現存植生図を作成することによって，地域自然の重要な構造

を見いだすことができるかもしれない．たとえば同じ夏緑広葉樹林でもコナラ林とハンノキ林とでは立地環境が大きく異なるので，両者を区分することによって地域自然の重要な空間構造を把握することができる．植生の入門書としては，福嶋（2017）をあげておきたい．

【引用・参照文献】
福嶋 司編著　2017.『図説　日本の植生　第2版』朝倉書店．
磯谷達宏　1994. 伊豆半島南部の小流域における常緑および夏緑広葉二次林の分布とその成立要因．生態環境研究 1(1):15-31.
磯谷達宏　2001. 常緑広葉二次林はどのような場所に多いのか？　房総半島・伊豆半島の事例から．水野一晴編著『植生環境学―植物の生育環境の謎を解く―』85-100. 古今書院．
小泉武栄　1993.『日本の山はなぜ美しい―山の自然学への招待―』古今書院．
松井 健・武内和彦・田村俊和編　1990.『丘陵地の自然環境―その特性と保全―』古今書院．
武内和彦　2006.『ランドスケープエコロジー』朝倉書店．
塚本良則　1998.『森林・水・土の保全―湿潤変動帯の水文地形学―』朝倉書店．

磯谷　達宏（いそがい＝たつひろ）　国士舘大学文学部教授　e-mail:isogai@kokushikan.ac.jp
1961年山口県岩国市生まれ．小倉・新潟・仙台・横浜を経て6歳からは東京育ち．東京都立大学で統合自然地理学的な研究方法を学んだ後，東京農工大学で植生学を学ぶ．少年時代からサイクリング，ハイキング，キャンプなどで森や草原に親しむ．卒論と修論で二次林（雑木林）の分布を説明しようとしたのが統合自然地理学のはじまり．著書に『丘陵地の自然環境』『植生環境学』『日本の気候景観』（古今書院），『マツとシイ』（岩波書店），『図説 日本の植生』（朝倉書店）など（いずれも共著・分担執筆）．

第5章　アンデスの地形と人びとの暮らし
高原と峡谷

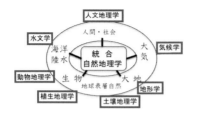

苅谷 愛彦

> アンデスの高原と峡谷の地形の違いは，牧民と農民の土地利用にどのような影響を与えているのであろうか．文化人類学者との共同調査によって，そこでは，それぞれが利用できる地形と利用できない地形とに区別できることがわかった．地形が人びとの暮らしに大きく影響している．

キーワード：ペルー，文化人類学，地形学図，利用地形，非利用地形

1　はじめに

　アンデスは南米大陸西岸を南北に縦断する陸上最長の山脈である．その長さは約 8,000 km もあるが，東西の幅はどこも狭い．ただし，ペルー南部からボリビアにかけて幅が広がり 500 km ほどになる．この部分はプナ（アルチプラノ）とよばれる標高 4,000 〜 5,000 m の広大な高原であり，その東西両縁に二つの副山脈（東山系・西山系）をもっている（図 5-1，図 5-2）．

　高原はその縁で河川の侵食を受け，峡谷を作りだしている．峡谷の底から空を見あげると，高原の縁は遙か遠くに指させるだけである．ペルー南部の広い高原と深い峡谷—そこでは，どのような人びとが，どのような暮らしを営んでいるのであろうか．

　この素朴な問いには，文化人類学者の稲村哲也が全貌を明らかにしてきた．稲村は東京大学で文化人類学を修めた後，野外民族博物館リトルワールドや愛知県

立大学を経て，現在は放送大学で教育・研究にあたっている．アンデスやモンゴルなど高地の牧畜社会に造詣が深く，フィールドワークの経験が豊富である．その稲村が狙いを定めたのがペルー南部，アンデスの太平洋側斜面に属するラウニオン郡プイカ行政区（以下，プイカとする）である．プイカは高原と峡谷の両方にまたがる約 30 km 四方の広がりの土地で，そこでは伝統的な暮らしが営まれている．研究成果は「リャマとアルパカ」（稲村 1995）や「アンデス高地」（山本 2007），「遊牧・移牧・定牧」（稲村 2014）に詳しい．これらの文献によって，その様子を簡単に紹介しよう．

高原に住む牧民はインカ帝国時代以前からここに暮らす先住民である．高原は冷涼なため農耕はできず，彼らはリャマやアルパカを飼う．乾季にはリャマを引き連れ，峡谷に住む農民（農耕民）の荷物運びを手伝う．その労賃や物々交換で峡谷の農作物を手に入れる．またアルパカの毛はよい現金収入になる．

一方，峡谷に住む農民は，スペイン侵攻後，先住民と白人との混血で生まれたメスティソが多い．彼らはウシやウマは飼うが，ジャガイモやトウモロコシ，マメ類をおもに育て，その輸送を牧民に託す．輸送の仕事と引き替えに農作物を譲ったり，牧民が持参するリャマの糞を燃料として入手したりする．

高原と峡谷は，地形の様相はいうまでもなく，空間的にも離れており気候など自然環境が異なる．離れた場所で異なる生業を営む牧民と農民であるが，上記のように互恵（互酬）の関係をもち，社会・経済的に強く結合している．稲村は何百年も続けられてきたこの独特の営みに注目したのである．

後年，稲村の関心は人びとの暮らしを支える自然環境にも向いた．それは，1990 年代後半に文化人類学や農学，自然地理学（地形学・第四紀地質学）の専門家による共同研究がネパールヒマラヤでなされ，十分な成果（山本・稲村 2000）が得られたからであろう．ネパールヒマラヤに続き，プイカでも地形に関する記載と分析が求められた．2002 年，苅谷と本書の編者である岩田修二が稲村に同行し，プイカで地形・地質調査をおこなうことになった．調査はその後，2010 年まで続けられた．

本章では，この調査の成果や研究アプローチの概要を紹介し，自然地理学の俯瞰的な視点が他分野との共同研究において，どのように活かされたのかを述べる．また異分野との共同研究の重要性も確認する．なお，本章は 2010 年代前半まで

の資料をもとに，既出論文（Kariya *et al.* 2005；苅谷 2011, 2013）の内容を再構築したものである．近年，プイカではインフラ整備が進み，住民生活が急変中である（稲村 2014）ことに注意いただきたい．

2 地域のあらまし

　首都リマに次ぐペルー第2の都市アレキパの北西約 200 km，オコーニャ川とその上流ワルカヤ川上流地域を占めるのがラウニオン郡で，コタワシ（標高約 2,600 m）を中心地とする（図 5-1）．同郡はプイカの他，いくつかの下位行政組織（行政区）を抱える．コタワシからオコーニャ川を約 30 km 遡った最奥の集落がプイカ行政区の主村プイカ（標高約 3,800 m）である．そこは高原の入口にあたり，ここから峡谷の急な谷壁を登り詰めると高原にたどり着く．

　ペルー南部では雨季と乾季の対照が明瞭である．夏季（11〜4月），高原では降雪やみぞれが見られ，やや温暖な峡谷では雨が多い．冬季（5〜10月），高原も峡谷も雨は少なく，晴れて乾燥した陽気が続く．コタワシの年降水量は 400〜600 mm，年平均気温は約 14℃ と推定される（Dornbusch 1998）．

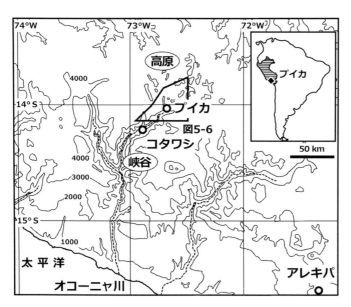

高原には無植生の砂礫斜面が発達するが，イチュとよばれるイネ科・カヤツリグサ科草本（リャマなどの餌になる）や，多肉植物，矮低木も分布する．一方，峡谷は高原に比べて温暖で，急斜面を除いて広葉樹の灌木や草本が生育する．スペイン侵攻後に植林された

図 5-1　調査地域.

ユーカリも認められる.

3　研究の手法

プイカの地形を明らかにするために採られた研究のアプローチを述べよう.

地形に関する既存研究がほとんどない地域のため，まず地形の全体像の把握が必要であった．図5-3に示したように，空間の広がりで区分される地形スケール（吉川ほか1973；貝塚ほか1985）で地形

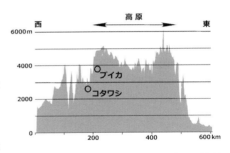

図5-2　ペルー南部におけるアンデスの地形断面．コタワシを通る北東－南西の断面線に沿う．

を分別し，それぞれについて地形の要素である「形態」，「物質（地質）」，「成因（作用）」，「形成年代」をできるだけ明らかにしようとした．地形スケールは，大陸や大洋底レベルの「大地形」，島弧や海溝レベルの「大地形（狭義）」，山地や台地レベルの「中地形」，モレーンや谷レベルの「小地形」，構造土や河床レベルの「微地形」に区分される．地形を階層区分し，それにしたがって解析することが系統的な地形理解への早道と考えたためである．

高原と峡谷は，それぞれを1単元の地形とみなせば中地形に相当する（図5-3）．中地形スケールの地形解析を全て現地でおこなうのは時間・労力両面で現実的ではないため，まず文献調査を進め（とはいえ対象は僅少であるが），並行して空中写真や衛星画像の判読，数値標高モデルの可視化（段彩，陰影，傾斜量など）をおこなった．次に，それらをベースに地形分類に着手した．著者が調査を進めた2000年代前半には，アメリカ合衆国が提供するLANDSAT画像やSRTM-GTOPO30（数値標高モデル）などのアーカイブ（デジタル保存データ）が利用可能だった．また1960年代撮影の縮尺4万分の1モノクロ空中写真や縮尺5万分の1地形図（等高線図）は，ペルー国立地図研究所で購入できた[注1]．以上によって高原と峡谷の形態や配列などが大づかみに俯瞰できた．

牧民や農民は高原や峡谷に暮らしているが，彼らの日常生活の空間範囲はそれより狭く，対応する地形スケールは1～2段階以上小さい（図5-3）．牧民や農民は小地形や微地形の上で生活を展開しているのである．それゆえ小地形スケールでの解析が不可欠である．小地形の識別も，良質な地図や空中写真などの材料

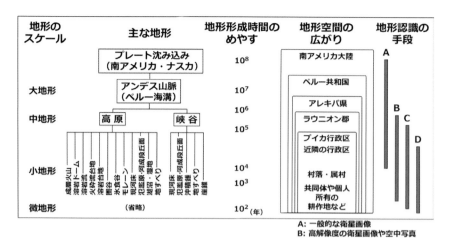

図 5-3　プイカにおける地形システム．苅谷（2013）の図 2 を改変．

とそれらから情報を引き出す知識や経験，GIS などのツールを組み合わせれば机上でかなり進められる．そこで次段階として，小地形スケールの地形学図（地形分類図）を作成し，それを現地に持参して確認し，次の調査までに修正をおこなうことを繰り返した．この他，地形物質や地形年代を知るための露頭記載や試料採取，牧民や農民からの聞き取り調査もおこなった．

4　プイカの地形とその階層区分

4-1　高原の地形と利用

プイカの高原と峡谷のような中地形の形成に影響する主因子は地殻変動や地質構造であり，$10^5 \sim 10^6$ 年程度以上の時間をかけて，おもに内作用（内的営力）で形成される（貝塚ほか 1985）．ただし，後述するように，峡谷の主因は河川の下方侵食（下刻），すなわち外作用（外的営力）である．

遷急点や遷急線（いずれも傾斜の変換部分で，遷急線は遷急点を連ねたもの）は異種の地形の境に存在するため，地形区分の基本的指標となる．高原と峡谷との間には明瞭な遷急点があり（図 5-4a），ワルカヤ川とその支流の河床にも遷急点が認められる（図 5-4b）．つまり地形学的にみて高原と峡谷は形態も高度も明

第 5 章　アンデスの地形と人びとの暮らし　67

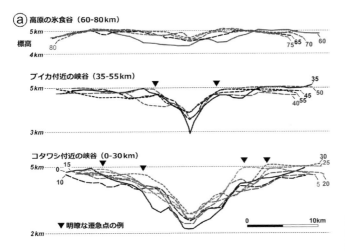

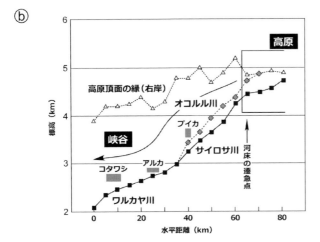

図 5-4　プイカにおける高原と峡谷の地形特性．ⓐ コタワシからプイカ（主村）を経て，高原に至るワルカヤ川とその支流の地形横断面．コタワシの下流地点を起点に，5 km ごとに 80 km 地点までワルカヤ川主流路にほぼ直交する断面線を設定した．ⓑ ⓐと同区間の河床縦断面および河川右岸側の高原の縁の縦断面．ワルカヤ川はプイカ付近でオコルル川とサイロサ川に分流する．高原の縁はオコルル川のものを計測した．

確に区分され，それぞれが異空間を形成しているといえる．

　高原の誕生は新第三紀初頭の約 2,400 万年前頃と考えられる（Thouret *et al.* 2007, 2017）．この頃から，ペルー南部ではマグマ活動の活発化や地殻の厚化によって隆起が進んだ．同時に大量の溶岩や火砕流堆積物が累重し，高原の基礎が作られた．高原は約 1,300 万年前までに現在の半分程度の高さに達し，500 万年前頃には現在なみとなった（Thouret *et al.* 2017）．高原の隆起に関係した地質学的な

証拠は，峡谷の底から高原へ登る道路沿いで見ることができる分厚い溶岩層や火砕流堆積物である．

　溶岩や火砕流堆積物が積み重なることで確保された高原の平坦性は，最終氷期（更新世後期；13万〜1万2,000年前）の氷河作用でいっそう強調された．当時高原には氷原が拡大し，浅い圏谷（カール）や氷食谷（U字谷），モレーンなどが形成された．その後，最終氷期末の温暖化を機に氷原は縮小・消滅し，約1万2,000年前に後氷期（完新世）となった．圏谷のような侵食地形は主として岩盤からなり，モレーンのような堆積地形は砂礫からなることが多い．

　氷原の消失後，氷を失った氷食谷の底には蛇行河川が現れた．蛇行河川の周囲に氾濫原が形成され，氷食谷壁の侵食に伴い沖積錐や崖錐も出現した．これらは小地形であり，一般に砂礫からなる．また氾濫原やそれより少し高い氷食谷の谷壁では地下水が浸出して湿原・湿地が形成され，イチュの群落が生じる．そこは稀少な緑の土地で，牧民の居住地や家畜の飼育場として利用される（図5-5a）．このほか，冷涼な環境下で作られる周氷河地形（小・微地形）や，更新世〜完新世の火山地形（成層火山，溶岩ドーム，溶岩流などの小地形）が分布するが，それらは粗粒な礫や堅固な岩石からなり，牧民にはあまり利用されていない．

　稲村が指摘したように，牧民が高原を生活圏としているのは確かである．しかし彼らは高原でも，氷食谷のなかの，湧水を伴う氾濫原や沖積錐，崖錐を選んで利用している．これらは利用地形といってよい．谷底は日照の点で不利にみえる

図5-5　高原と峡谷の風景．ⓐ氷食谷の氾濫原で飼育されるリャマ．ⓑ高原の遠景．手前の日陰部分がコタワシの街で，峡谷の現河床はさらに200m以上も下にある．

が，氷食谷は峡谷に比べて浅く（図 5-4b，図 5-5a），低緯度地域では太陽高度も高いので問題にならないのであろう．逆に，氷食谷を数 100 m 上がった高原の頂面や火山は見晴らしがよいが，風当たりも強く，水も得にくい．斜面表層も堅固な溶岩や火砕流堆積物，貧養な岩屑からなり，居住や家畜の飼育に必ずしも適しているわけではない．これらは非利用地形とみなされる．

4-2 峡谷の地形と利用

　高原の隆起の始まりは河川の下方侵食（下刻）の始まりを意味する．ワルカヤ川の谷はグランド・キャニオンよりも深いことで知られ，高原と峡谷の高度差はコタワシ付近で 3,000 m 程度，プイカ（主村）でも 2,000 m 程度ある（図 5-4a，4b，図 5-5b）．中スケールの地形は内作用で形成されることが多いが，この場合下刻は 1,000 万年近く続いていることになり（ただし現在までの間に河床の埋積もあったとされるので，下刻だけが持続していたわけではない），外作用が長期間継続して中地形を作る一例ととらえられる．

　高原に比べ峡谷の空間は小さい．谷底の幅は狭く，谷壁が広い（長い）のが特徴である（図 5-4a）．狭い谷底で利用可能なのは氾濫原とわずかな河成段丘面，支流の出口に生じた沖積錐程度である．いずれも河成の砂礫からなる．氾濫原はまさに氾濫の危険があるので，居住地ではなく耕地や放牧地に利用される．一方，人びとが暮らすのは狭小な段丘面上か，峡谷の谷壁に発達する地すべり移動体である．移動体の体積規模が $10^6 \sim 10^9 \mathrm{m}^3$ に及ぶ大規模地すべりがコタワシからプイカにかけて谷の両岸に迫る（苅谷 2011；図 5-5b）が，そのような移動体上は平均傾斜が約 20 度以下と緩く，さまざまな粒径をもつ未固結砂礫が地形を作る．地すべり移動体には段畑（アンデネス）が展開し，天水や灌漑によりジャガイモやトウモロコシが栽培される．

　このように，農民も峡谷のある種の地形，すなわち地すべり移動体や沖積錐，河成段丘面を選択して居住地や耕地を構えている．ただし自由に使える地形（利用地形）は限られ，それ以外は利用が難しい崖錐や急な岩壁（非利用地形）である．限られた可耕地は「ライメ」や「コムニダ」とよばれ，集落ごとに共同管理される（稲村 1995）．このように，農民は峡谷を生活圏とするが，生活適地を限定的な小地形群から選ばざるを得ずにいる．生活適地が谷沿いに連続し，人口密

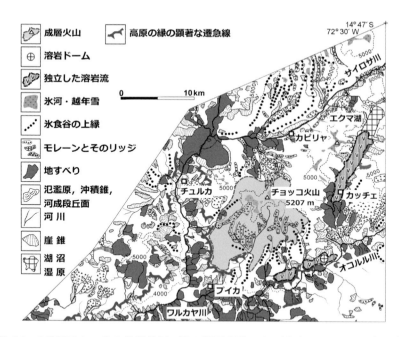

図 5-6　小地形スケールの地形学図．図の範囲は図 5-2 に示した．Kariya et al.(2005) の Figure 4 を改変．

度も低いため，土地利用の自由度がひとつの家族内（文化人類学の分類では「拡大家族」）で大きい高原の状況とは明らかに異なるのである．

　上述のように，高原では新生代の地形発達や氷河作用の年代に関する既存研究（Clapperton 1993; Seltzer 2007 など）があり，著者も完新世の環境変化を示す土壌の年代を得た(Kariya et al. 2005)．また氷河作用を受けていない新しい（完新世？）溶岩流も確認された．一方，峡谷の地形がいつ，どのように発達してきたのか，とくに最終氷期から後氷期の地史を具体的に語ることのできる資料はまだ得られていない[注2]．

5　俯瞰的研究の醍醐味：むすび

　文化人類学者は，牧民と農民がそれぞれ高原と峡谷という異空間に生活の根を下ろし，出自も生業も異なる彼らが互恵的に暮らしてきたことを明らかにしてきた．このことに加え，自然地理学の立場からは，プイカの地形が，時間的には新

第 5 章　アンデスの地形と人びとの暮らし　71

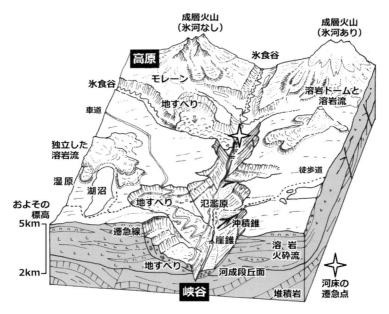

図 5-7　プイカにおける高原と峡谷の地形モデル．苅谷（2013）の図 4 を改変．

　第三紀から現在まで，空間的にはペルー南部の一部に属する地域から足下の斜面まで整理できることを論じた（図 5-3）．そして地形のスケールごとに，地形の形態や物質，成因，年代が異なることも説明した．さらに，主題の地図化という技術（地形と土地利用の地図の重ね合わせ）を活かし，高原と峡谷内部にそれぞれ利用地形と非利用地形があることも示した．これは小地形スケールの地形分類と現地調査に基づくものである．こうして得られた地形学図（図 5-6；Kariya et al. 2005；苅谷 2011）は網羅的・専門的で，異分野の研究者たちに使いづらい側面があるのは否めないが，住民の地形（土地）利用を考えるうえでは重要な基礎資料である．その後，もう少しわかりやすくプイカの地形を整理した模式図（図 5-7）を示した（苅谷 2013）．

　現在，プイカとその周辺では氷河の後退が著しく，河川水や地下水の減少とイチュの衰退（放牧地の縮小）が懸念されている．また突発的な豪雨による土石流災害が峡谷で起きている．環境変化による生活の変化や自然災害に対する防災・減災を考える際，高原と峡谷という中地形スケールでの区分ではなく，現実に住

民が暮らしている小地形・微地形スケールでの分析が欠かせないはずである．その点において，プイカの地形群が階層的に整理されたことは，こうした議論を異分野の研究者と交わすための第一歩となる．一方，数量的な地形解析や第四紀地形発達史の解明，斜面物質（土壌）の分析などは未完であり，今後の課題である．

　むすびにあたり，次の点を強調しておきたい．斜面を歩きながら日差しや風を感じ，自然のすべてを理解しようとする．そして湧き水で顔を洗い，住民の家で寝場所と食事を提供してもらって話を聞く―それらは自身の五感を総動員するリアルな体験であり，そこに現地を訪れてこそ得られる自然地理学のデータが含まれている．その価値は，机上作業だけで手に入ることはない．稲村のフィールドワークには自然地理学にない流儀も多く，はじめは戸惑いもあった．しかしプイカの調査行を通じて，筆者の自然地理学的俯瞰力が少しでも増したとすれば，それはそうした異分野との交流のおかげである．

【謝辞】

　本研究は稲村哲也教授（放送大学）・山本紀夫名誉教授（国立民族学博物館）を代表者とする科学研究費（13371010，22251013）の支援で遂行された．川本　芳博士（京都大学），鳥居恵美子氏（前天野博物館研究員），平田昌弘博士（帯広畜産大学），Museo Amano del Peru および故 Esperanza Hanako de Sato 氏には調査に際し多大な協力をいただいた．プイカの調査の一部は本書の編者である岩田修二教授と共同で行ったが，本稿は苅谷単名でまとめさせていただいた．以上の皆様に篤く御礼申し上げます．

【注】

1) 現在では陸域観測技術衛星（ALOS・ALOS2）画像や高解像度数値標高データも利用可能である．しかし研究の視点に変化はないと考え，当時の手段を記載した．
2) 最近，Thouret et al.（2017）が多数の放射年代や原位置宇宙線生成核種年代を得て，コタワシ周辺における過去 2,400 万年間の地史をまとめあげた．これまで年代未知であった峡谷の巨大地すべりや高原の火山について興味深いデータと議論が提示されている．

【参照文献】

Clapperton, C. 1993. *Quaternary geology and geomorphology of South America*, Amsterdam: Elsevier.
Dornbusch, U. 1998. Current large-scale climate conditions in southern Peru and their influence on on snowline altitudes. *Erdkunde* 52: 41-54.
稲村哲也　1995.『リャマとアルパカ―アンデスの先住民社会と牧畜文化』花伝社.
稲村哲也　2014.『遊牧・移牧・定牧』ナカニシヤ出版.
貝塚爽平・太田陽子・小疇　尚・小池一之・野上道男・町田　洋・米倉伸之編　1985『写真と図

で見る地形学』東京大学出版会.
苅谷愛彦　2011．ペルー・アンデスの大規模地すべりと人びとのくらし．E-journal GEO 6: 149-164.
苅谷愛彦　2013．ペルー・アンデス，アレキパ県プイカ行政区における中地形・小地形システム．専修人文論集 92：231-250.
Kariya, Y., Iwata, S., and Inamura, T. 2005. Geomorphology and pastoral-agricultural land use in Cotahuasi and Puica, southern Peruvian Andes. *Geographical Review of Japan* 78: 842-852.
Seltzer, G. O. 2007. Late Quaternary glaciation of the Tropical Andes. In *The Physical Geography of Southe America*. ed. T. T. Veblenm, K. R. Young, and A. R. Orme, 60-75, Oxford: Oxford University Press.
Thouret, J.-C., Wörner, G., Gunnell, Y., Singer, B., Zhang, X. and Souriot, T. 2007. Geochronologic and stratigraphic constraints on canyon incision and Miocene uplift of the Central Andes in Peru. *Earth and Planetary Science Letters* 263: 151-166.
Thouret, J.-C., Gunnell, Y., Jicha, B. R., Paquette, J.-L., and Braucher, R. 2017. Canyon incision chronology based on ignimbrite stratigraphy and cut-and-fill sediment sequences in SW Peru documents intermittent uplift of the western Central Andes. *Geomorphology*, 298: 1-19.
山本紀夫編著　2007．『アンデス高地』京都大学学術出版会.
山本紀夫・稲村哲也編著　2000．『ヒマラヤの環境誌 山岳地域の自然とシェルパの世界』八坂書房.
吉川虎雄・杉村 新・貝塚爽平・太田陽子・阪口 豊　1973．『新編日本地形論』東京大学出版会.

....

《考えてみよう》

　　　　この論文の図 5-6（地形学図）の地形単位を着色してみよう．それらの場所と地形の性質から，なぜ利用地形になっているのかを考えよう．

苅谷 愛彦（かりや＝よしひこ）　専修大学教授　e-mail: kariya@isc.senshu-u.ac.jp　1966 年東京都生まれ．東京都立大学理学部・大学院理学研究科で地理学を修め，現在は日本アルプスの第四紀地形・地質を研究している．博士（理学）．子どもの頃は鉄道（風景）写真や一人旅が好きで，パイロットに憧れていた．祖母が暮らしていた新潟県六日町から望む四季折々の越後三山が，まぶたに焼きついている．そのあたりに自己流地理学のルーツがあるように思われる．著書に『日本の地形 中部』（東京大学出版会共著），『アンデス高地』（京都大学学術出版会共著），『地形の辞典』（朝倉書店共著）など．Twitter: @yoshi_kariya

第6章　アッサムヒマラヤ，ジロ盆地における土地改変

宮本 真二

> アジアモンスーン地域における民族の移動・定住過程と，その要因を解明するために，埋没腐植土壌や埋もれた木炭片などを使って，過去の土地改変を自然地理学的手法で研究する．アッサムヒマラヤでは，約2,000年前以降に土地改変が始まり，約1,000年前から340年前ごろの間に集中的な土地開発がおこなわれた．その実態を推定しよう．

キーワード：埋没腐植土層，民族移動，年代測定，アルナーチャル＝プラデシュ

1　はじめに：南アジア地域の土地改変（開発）史研究

　ヒマラヤ＝チベット山塊には多様な民族が伝統文化を維持しながら居住している．これらの民族は過去数千年間にさまざまな場所から移動し，現在の場所に移住したことが知られている（たとえば，村松1973；月原1992；安藤2007）．これらの多様な民族の「移動」に関する知見は，文献記録や民俗調査などによって推定されてきたが，直接的な物的証拠としての遺物や遺構を用いた研究は，1990年代初頭までほとんどおこなわれてこなかった（岩田1994）．その理由には，政治的な問題など入域が困難であることや，残存する文献史料・資料がとぼしいという事情もある．

　このように，直接的な物的証拠としての考古学や文献史学領域の研究の進展が急速に望めないなか，土地改変過程の指標として，埋没腐植土層（埋没土壌）が有効であることがチベット東南部で指摘された（岩田1994；図6-1）．その後，

第6章　アッサムヒマラヤ，ジロ盆地における土地改変　75

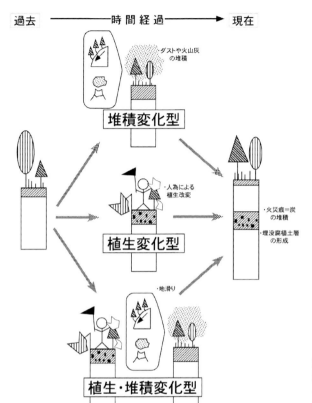

図 6-1　埋没腐植土層の形成原因の3タイプ（岩田 1994 をもとに作成し，宮本ほか 2013 で加筆）．

ヒマラヤ山脈東部各地の埋没腐植土層がくわしく調査され，埋没腐植土層は人為による森林破壊の結果形成されたものであり，その形成時期はシェルパ族のチベット高原からの民族移動の時期である約16世紀という報告や，さらに古くから森林破壊が起こっていたという報告がだされた．花粉化石の組成変化からも森林改変を裏付けるものとなった（岩田・宮本 1996；Iwata *et al.* 1996；岩田・宮本 1997；宮本 1998；宮本・岩田 2000）．その結果，人為による森林破壊は，約3,700年前から各地域で発生しており，その発生場所は下流から上流へという傾向をもたずランダムな場所で発生していることが明らかになった．その後，入域が困難であったアッサムヒマラヤ地域（後述）でも埋没腐植土層が広域に分布し，その年代について報告された（宮本ほか 2009a; Miyamoto and Ando 2010; Miyamoto *et al.* 2011).

　ヒマラヤ地域では，従来，19世紀からの森林伐採などの人為的環境破壊が強調されてきたが（たとえば，Ives and Messerli 1989；稲村・古川 1995；渡辺・菅原 1998），埋没腐植土層の研究によって，森林破壊はもっと古くから始まっていたことが明らかになった．

　その後，埋没腐植土層を指標にした森林破壊・環境破壊の研究は土地改変・開発史の研究へと発展した．土地開発史研究は，ヒマラヤ東部の下流域であるベンガル＝デルタをふくめたブラマプトラ川流域で重点的におこなわれた（宮本ほか 2009b；宮本ほか 2010；Miyamoto *et al.* 2011; Miyamoto *et al.* 2012；宮本ほか 2013；Miyamoto 2014）．その結果，ネパールのソル地域の事例（宮本 1998）で指摘されていた民族移動ルートとは異なる事実が明らかとなってきた（宮本ほか 2013；図 6-2）．それは，ヒマラヤ山地とは違って，平原部では，東西方向での民族移動と，それによる土地開発が主要な動きであるということがはっきりしてきたのである．つまり食糧資源が限定的な高所山岳地域や，洪水氾濫によって居住

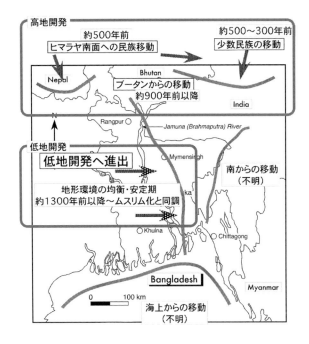

図 6-2　埋没腐植土層の研究から判明したブラマプトラ川流域の民族移動と土地開発．

域の維持にも危機がもたらされる低地へなどの「不安定」な場所・状態を居住地として選択した（せざるを得なかった？）事実が認められた（宮本ほか 2010）．この「不安定」な場所への移住は，既存研究でも紛争・経済・信仰などの理由によって説明されているが，それらとは異なる説明ができるかもしれない．

　これまでの研究成果を踏まえて，本稿の著者は，南アジア地域の高地・丘陵・低地を対象に，①地域ごとの土地開発史の復原，②「不安定」な場所の選択根拠を実証すること，を試みている（図 6-3）．水田（沖積平野）が広域に分布する平原としてバングラデシュを対象に，その上流域の移行帯（丘陵〜山地）としてアッサムからバングラデシュ北部を対象に，山地としてはネパールやブータンを対象としている．

　この研究では，文献や考古資料に乏しい地域を対象に，埋没腐植土層や炭化木片を素材にして，人為的環境改変史（土地開発史）を復原する．その方法は図 6-4 に示した．ここではアッサムヒマラヤ地域を対象に，水田開発の指標としての埋没腐植土層や，埋没した木炭片（埋没株）について紹介する．

2　アッサムヒマラヤとジロ盆地

　ヒマラヤ山脈は，東端のナムチャバルワ（7,762 m）から西端のナンガパルバット（8,126 m）までの，長さ 2,400 km，幅 200 〜 300 km の大山脈である．東端に

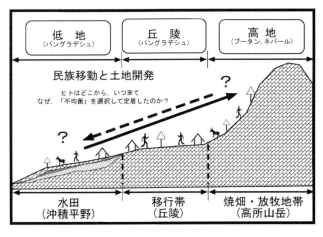

図 6-3　ブラマプトラ川流域の民族移動と土地開発の研究地域区分（宮本ほか 2009b を改変）．

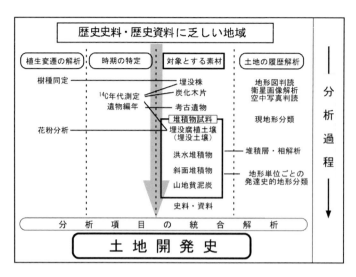

図 6-4 自然地理学的手法としての土地開発史の復原の手順（宮本ほか 2009b を改変）.

あるアッサムヒマラヤは，現在でも情報がほとんどない「隔絶されたヒマラヤ」である（図 6-5）．アッサムヒマラヤの南面は，インドのアルナーチャル＝プラデシュ州で，その成立は 1987 年である．しかし，中国は南面も中国領であると主張しており，政治的な不安定地域である．この州は，中国（雲南省とチベット自治区），ミャンマー，ブータン，アッサム州にかこまれ，多くの少数民族（51 の部族と亜部族）の居住地である．したがって，人文・社会科学の研究者にとっての羨望の地となっていたが，長く入域が制限されていたため，研究の蓄積はきわめて乏しい（たとえば，安藤 2007）．

研究対象地域のジロ（Ziro）は，標高 1,650 m 程度の山間盆地で，盆地内には小区画の不定形水田が広く分布している（図 6-6）．ジロは，現在ではヒンドゥー系の民族が多数を占めているが，本来この地を居住の場としてきたのはビルマ系のアパタニ族であり，現在でも盆地（通称アパタニ谷）周縁の村に居住している．このアパタニ族が盆地内で水田を耕作し，二期作が可能な地であるが，現在では雨期にのみ稲作をおこなっている（安藤 2007）．

3　堆積物試料の採取と年代測定

調査は，ジロ村の縁辺部丘陵に分布する埋没腐植土層と棚田状水田の畦に埋

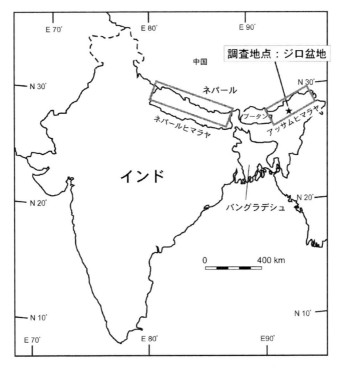

図 6-5 研究対象地域：ネパール・ヒマラヤとアッサム・ヒマラヤ（宮本ほか 2009a を改変）．

没した根株，さらには露頭で確認される埋没した炭化木片層を対象に，2005年8月におこなった（図 6-6）．まず，土壌・堆積物の観察や土壌硬度の測定，土色調査を露頭でおこなったうえで，年代測定用試料（腐植土・木炭片など）を採取した．採取した腐植質土壌試料からは，まず細根・土壌生物・礫などを取り除き，つづいて塩酸を用いた化学的前処理を施して酸不溶性腐植を抽出した．この前処理は他の土壌有機物画分より若い年代を与えるフルボ酸を除去するためである（筒木 1989）．抽出した酸不溶性腐植は，おもに腐植酸とヒューミンからなると考えられる（山中 1983）．また，木炭片については，蒸留水を用いて試料洗浄をおこなった．

これらの前処理を終えた試料は，（株）加速器分析研究所に委託し，AMS（加速器分析）法による放射性炭素年代測定をおこなった．表 6-1 には ^{14}C 年

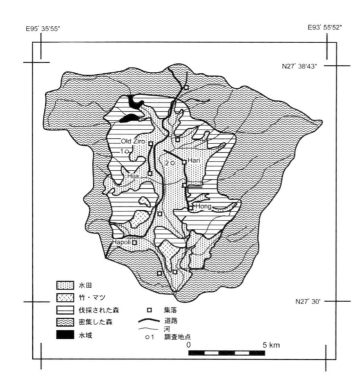

図 6-6 調査対象地域ジロ（Ziro）の土地利用と集落，調査地点（Joshi *et al.* 2007 を一部改変・加筆した宮本ほか 2009a を改変）．丘陵地帯はマツや照葉樹林の植生と一致する．

代（Measured ^{14}C age），炭素安定同位体比（^{13}C/^{12}C）で補正した補正 ^{14}C 年代（Conventional ^{14}C age），Bronk Ramsey (2001) の暦年代較正プログラム OxCal ver.3.10 によって算出した較正暦年代（Calibrated age）を示す．なお，^{14}C の半減期は Libby の 5,568 年で算出し，1 標準偏差で表示した．表 6-1 には較正暦年代も示すが，この論文では既存年代値との比較をおこなうため，較正暦年代でなく ^{14}C 年代（Measured ^{14}C age）で議論する．

4 埋没腐植土層の堆積層・層相と木炭片の年代

調査地点の周辺での斜面堆積物の現地調査は実施していない．埋没腐植土層はこの地域でも他のヒマラヤ地域とおなじように広範囲に分布している．埋没腐植土層は現地表面下 1 m 以内に，花崗岩や片麻岩を主体する基盤の風化層上に暗褐色〜黒色の有機質に富む層相を呈し，層厚は 10 cm 程度であった（図 6-7）．埋

表 6-1　インド北東部，アルナーチャルプラデシュ州ジロ地域の埋没腐植土層と埋没株の ^{14}C 年代（宮本ほか 2009 を改変）

試料番号	試料の種類*	方法	未較正 ^{14}C 年代 (y BP)	$\delta^{13}C$(‰)	^{14}C 年代 (1σ ; y BP)	較正暦年代 (cal y BP; 1σ)** 範囲	年代	測定機関番号 (IAAA)***
IND-1	土壌	加速器	200 ± 30	-15.90 ± 1.07	340 ± 40	1480-1640(AD)	340 ± 40	52350
IND-2	土壌	加速器	830 ± 30	-15.34 ± 0.85	990 ± 30	990-1150(AD)	990 ± 30	52351
IND-3	木片	加速器	1950 ± 30	-18.01 ± 0.84	2060 ± 30	160-10(BC)	2060 ± 30	52352

*1N HCL で 60 分前処理を行った．
**OxCal ver. 3.10（Bronk Ramsey 2001）のデータセットを用いた．
***IAAA: 加速器分析研究所．

没腐植土層の上部はシルト質のレス，もしくはクリープした斜面堆積物で覆われる．埋没腐植土層中には炭化した木片が含有されることが多い．

　埋没した根株は，棚（テラス）状水田の畦の下部（棚田の段の壁面）に，多地点で確認でき，ジロの盆地のみならず近隣の棚田地域でも認められる．根株は人為的に構築され段の壁の下部に表面が炭化した状態で検出される（図 6-8）．畦は毎年の乾季に修復されるが，株の検出層準は変化しないため，現地性のものと考えられる．

　埋没腐植土層の上部で採取した土壌の補正 ^{14}C 年代は 340 ± 40 年 BP（IAAA-52350）で，最下部は 990 ± 30 年 BP（IAAA-52351）であった．また埋没した株の補正 ^{14}C 年代は，2,060 ± 30 年 BP（IAAA-52352）の値を得た（表 6-1）．

5　考察：埋没腐植土層と木炭片（埋没株）の時期と形成要因

　すでにのべたように，埋没腐植土層や木炭片は森林火災の発生を示すと解釈されている．森林火災の原因は，焼畑や，放牧や耕作地造成を目的とした森林の火入れによると推定されている．したがって，ジロの埋没腐植土層の約 990 年前と約 340 年前の年代からは，この時期に何らかの森林破壊（開発行為）がおこなわれたと推定できる．

　一方，水田の畦下の埋没株は約 2,000 年前という値であり，埋没腐植土層の年代よりも古い．ネパールヒマラヤでは埋没腐植土層の値が約 3,700 年前に集中する時期があり，ジロの年代と調和的である．しかしながら，アッサムヒマラヤ地域では，当時は雑穀栽培がおもにおこなわれていたと考えられるので，ネパール

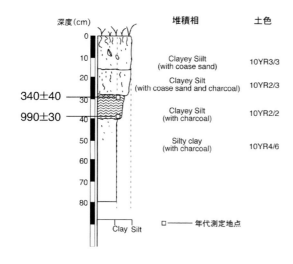

図 6-7 インド北東部，アルナーチャル＝プラデシュ州，ジロ地域の地点 1（図 6-6）の土壌柱状図．土壌の層相とその ^{14}C 年代を示す（宮本ほか 2009a を改変）．

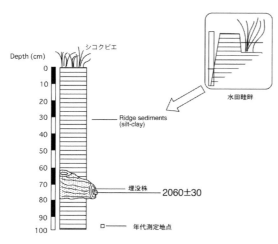

図 6-8 インド北東部，アルナーチャル＝プラデシュ州，ジロ地域の水田畦畔に分布する埋没株とその ^{14}C 年代．地点 2（図 6-6）（宮本 2009a を改変）．

と同様の形成要因であるとは想定できない．別の考え方が必要だろう．

　現在のアッサムヒマラヤの水田を特徴づけるのは，畦で栽培されているシコクビエ（*Eleusine colacana*）である（安藤 2007）．このシコクビエは，苗を家の近くの苗床で育て，畦に移植する栽培方法がとられている．Haimendorf (1938: 24-25) によるアパタニ族の観察結果を紹介しながら佐々木 (1971) は，「常畑化した階段耕地において，シコクビエの移植栽培が成立したのち，さらにその耕地が水

田化されるというプロセスが進展した場合，以前に常畑でおこなわれていたシコクビエの移植栽培技術が，そのまま水田に応用され，イネの移植栽培（田植）がそれに触発されて，はじめられたのではないか」と指摘している．つまり，稲作の成立段階において，シコクビエの移植栽培技術が影響したという仮説をたてている．これは，耕地開発における焼畑→テラス（棚）化・集約化→常畑（水利条件改善）→水田という変化の段階において，常畑までの段階でシコクビエの移植栽培技術が稲作に影響したということであろう（図6-9）．

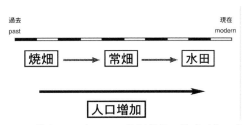

図 6-9　焼畑から水田への移行過程の模式（佐々木1971 をもとに作成した宮本ほか 2009a を改変）．

今回得た約 2,000 年前という値は，焼畑耕作から水田耕作への変化過程における，シコクビエの「焼畑耕作」か「テラス化」の時期を示していると推定する．つまり，焼畑における火入れか，その後のテラス化にともなう根株の炭化が約 2,000 年前におこったと考える．これが，土地への人為的な働きかけの開始だったのかもしれない．その後，本格的な開発は埋没腐植土層の形成時期である約 1,000～340 年前に集中しておこなわれたものと推定され，佐々木（1971）の水田化プロセスを「前提」とすれば，ジロ盆地におけるイネの移植栽培（田植）の開始は，もっとも遡っても約 2,000 年前より後であり，340 年前より前であったと推測される（図 6-10）．

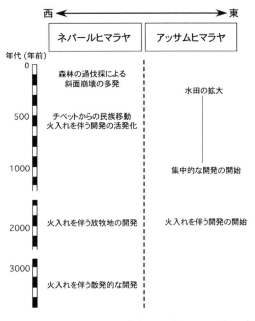

図 6-10　ネパールヒマラヤとアッサムヒマラヤの土地改変（開発）時期の比較模式図（宮本ほか 2009aを改変）．

6 結論

本稿の結論をまとめる．①アッサムヒマラヤ地域でも，ネパールヒマラヤ同様に人為的な火入れを伴う土地改変によって形成されたと考えられる埋没腐植土層や炭化木片が確認された．②アッサムヒマラヤ地域では，約2,000年前以降に土地改変が始まり，約1,000年から340年前ごろまでの間に集中的な土地改変（開発）がおこなわれた．

今後の課題としては，①考古学や，民族移動にかかわる歴史学の既存知見の精査，②埋没腐植土層の形成プロセスの時代的，地域的相違の明確化，③埋没腐植土層の腐植形態の分析（たとえば熊田1981）や，④他地域との比較などによって，より具体的で立体的な土地開発史の叙述をおこなってゆく必要がある．

そのためには，異分野もしくは隣接分野との学際的な共同研究がどうしても必要で，フィールド・ワークによる「土台となるような地理学研究」（宮本1999），いいかえれば統合自然地理学や統合地理学の研究が求められるのである．

この論文で述べたような人類史における「不安定」な土地を選択する要因につ

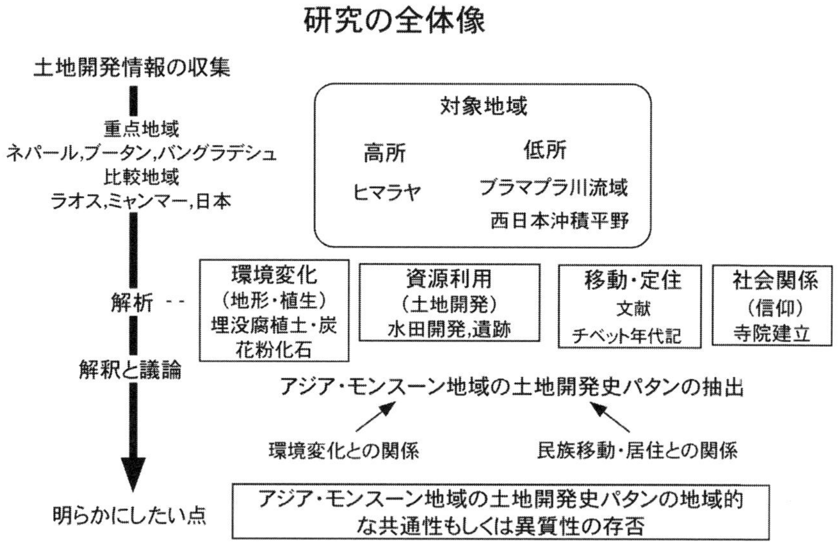

図6-11 ブラマプトラ川流域から俯瞰する土地改変（開発）史研究の全体像（対象地域と方法）．

いて，本著者は，自然科学的な根拠を提示し，地域間の比較から要因の解釈と説明による地域史が必要であるという考えをもつに至った（図6-11）．このような地理学的・環境科学的な手法による，通史を意識した地域史を地域間比較から立体的に叙述する試みは，人文・社会科学と自然科学との境界領域に位置し，現象の相対化と，関係性を重視する「地理学的な環境史」（宮本・野中 2014）研究である．

【付記】
　この研究は，安藤和雄（京都大学），アバニィ＝クマール＝バガバティ，ニッタノンダ＝デカ（ともにインド，ゴウハティ大学：人文地理学）との共同研究である．研究経費として，科研費（課題番号：06041126, 17255002, 17700638, 21720315, 21251005, 25370929, 16H02717, 17K03265），総合地球環境学研究所・プロジェクト研究（研究代表者：奥宮清人），東京地学協会研究・調査助成金（研究代表者：宮本真二），文科省・私大戦略的基盤形成支援事業（研究代表者：豊田 新）を使用した．

【参照文献】
安藤和雄　2007．西南シルクロードと焼畑的水田稲作からひもとくヒマラヤ東部―地域体系研究の端緒として―．ヒマラヤ学誌 8：57-76．
Bronk Ramsey, C. 2001. Development of the Radiocarbon Program OxCal. *Radiocarbon* 43 (2A): 355-363.
Haimendorf, C. F. 1938. *The Apa Tanis and Their Neighourings: A Primitive Cvilization of the Eastern Himalayas*. Routlege & Kegan Pub. Ltd.
稲村哲也・古川 彰　1995．ネパール・ヒマラヤ・シェルパ族の環境利用―ジュンベシ＝バサ谷におけるトランスヒューマンス―．環境社会学研究 1：185?193．
Ives, J. D. and Messerli, B. 1989. *The Himalayan Dilemma: Reconciling development and Conservation*. London: Routledge.
岩田修二　1994．ヒマラヤ・チベット山塊東南部における埋没土壌の形成環境と民族移動．人文論叢（三重大学）11：45-62．
岩田修二・宮本真二　1996．ヒマラヤにおける環境利用の歴史的変遷．TROPICS（熱帯研究）5：243-262．
Iwata, S., Miyamoto, S. and Kariya, Y. 1996. Deforestation in Eastern and Central Nepal. *Geographical Reports of Tokyo Metropolitan University* 31: 119-130.
岩田修二・宮本真二　1997．ヒマラヤに生きる―各論3―ジュンベシ谷の二万年―．季刊民族学 79：44-53．
Joshi, R. C., Riba, J. and Rupa, T. 2007. Surface flow and soil loss under different land use categories: A case study from eastern Himalaya, Arunachal Pradesh. *ENVIS bulletin on Himalayan Ecology* 14: 67-74.
熊田恭一　1981．『土壌有機物の科学 第2版』学会出版センター．

宮本真二　1998．ネパール東部における埋没腐植土層の形成と森林破壊．地学雑誌 107：535-541．

宮本真二　1999．私の考える地理学．地理 44(11)：46-47．

Miyamoto, S. 2014. History of land development in Himalaya highland as interpreted from buried humic soil layers. In *Aging, Disease and Health in the Himalayas and Tibet: Medical Ecological and Cultural Viewpoints, Studies on Arunachal Pradesh, Ladakh, and Qinghai*, ed. K. Okumiya, 88-90. Dhaka: Rubi Enterprise.

宮本真二・岩田修二　2000．自然環境の変遷―ジュンベシ谷の二万年―．山本紀夫・稲村哲也編『ヒマラヤの環境誌―山岳地域の自然とシェルパの世界―』235-255．八坂書房．

宮本真二・安藤和雄・アバニィクマール バガバティ　2009a．ヒマラヤ地域における民族移動と土地開発過程．ヒマラヤ学誌 10：64-72．

宮本真二・内田晴夫・安藤和雄・ムハマッド セリム　2009b．洪水の環境史―バングラデシュ中央部，ジャムナ川中流域における地形環境変遷と屋敷地の形成過程―．京都歴史災害研究 10：27-34．

宮本真二・内田晴夫・安藤和雄・セリム ムハマッド　2010．ベンガル・デルタの微地形発達と土地開発史の対応関係の解明，地学雑誌 119: 852-859．

Miyamoto, S. and Ando, K. 2010. Buried Humus Soil Layers and Land Development in Central and Eastern Himalayas. In *Short paper and Abstracts: Agricultural Ecosystem and Sustainable Development in Brahmaputra Basin, Assam, India*, ed. A.K. Bhagabati, 56-61. Guwahati: Department of Geography, Guwahati University.

Miyamoto, S., Ando, K., Deka, N., Bhagabati, A. K. and Riba, T. 2011. Historical land development in central and eastern Himalayas. *Journal of Agroforestry and Environment* 5: 37-40.

Miyamoto, S., Ando, K., Deka, N., Bhagabati, A. K. and Riba, T. 2012. Historical migration and land development around the eastern Himalayas. *Journal of Agroforestry and Environment* 6 (2): 25-28.

宮本真二・安藤和雄・アバニィクマール バガバティ・ニッタノンダ デカ・トモ リバ　2013．東部ヒマラヤにおける土地開発史．ヒマラヤ学誌 14: 82-90．

宮本真二・野中健一編　2014．『自然と人間の環境史』海青社．

村松一弥　1973．『中国の少数民族』，毎日新聞社．

佐々木高明　1971．『稲作以前』日本放送出版協会．

月原敏博　1992．チベット人の歴史的移動・定着に関する若干の考察―ソル～クンブとブータンの視察から―．ヒマラヤ学誌 3：62-72．

筒木 潔　1989．土壌有機物．日本化学会編『土の化学(季刊化学総説4)』81-95．学会出版センター．

山中英二　1983．飯豊山地の高山湿草地土の ^{14}C 年代とそれに関した二・三の問題．第四紀研究 21：315-321．

渡辺悌二・菅原百合　1998．国立公園の問題群 1―薪の消費と電化 - ネパール・サガルマータ（エベレスト）国立公園．地理 43(3)：88-94．

《考えてみよう》

人類の歴史は自然破壊・環境改変の歴史である．過去の改変を示す証拠は，ヒマラヤ山脈東部地域では土壌や表層堆積物に残されていた．おなじ「不安定」な土地であっても，第5章のアンデス高地や第7章の中央ユーラシアの草原との環境の違いや民族文化の違いは，自然破壊・環境改変にどう関係しているのか整理して考えよう．

宮本 真二（みやもと＝しんじ）　岡山理科大学生物地球学部准教授　1971年生まれ．東京都立大学大学院理学研究科地理学専攻修士課程修了，同博士課程中退，博士（理学）．滋賀県立琵琶湖博物館主任学芸員を経て，現職．ヒトがどういう場所を選択して居住してきたのかに興味をもってヒマラヤの高地やベンガル＝デルタといった低地で調査を続けている．共編著書に『自然と人間の環境史』海青社 (2014)，『鯰（ナマズ）イメージとその素顔』八坂書房 (2008)，分担執筆に『生老病死のエコロジー──チベット・ヒマラヤに生きる』(2011) 昭和堂，『ヒマラヤの環境誌──山岳地域のシェルパの世界──』八坂書房（2008）など．

第7章　中央ユーラシアの環境史
地球研イリ＝プロジェクトによる統合研究の進め方

奈良間 千之・渡邊 三津子

> シルクロードの中継都市が分布する中央ユーラシア．この乾燥・半乾燥地域で，昔からおこなわれてきた農耕や牧畜の形態に変化がおきている．さまざまな専門分野のデータを統合する共同研究によって復元された環境史から，自然と人間のかかわりの変遷をひも解き，現在の問題点に迫る．

キーワード：環境史，生業形態，プロキシーデータ，農牧複合，適応，地球研

1　中央ユーラシアの山岳地域で思うこと

　クルグズスタン（キルギス語のキルギス共和国の名称）の山岳地で夏季に調査をしていると，多くの牧畜民たちが移動式テント（ボズユイ：キルギス語の移動式テントの名称）で暮らす放牧風景がみられる．ソビエト社会主義共和国（以下ソ連）時代から毎年のように家畜の放牧のため山に上がってくる家族もいれば，牧畜をはじめたばかりの若い夫婦に会うこともある．若い牧畜夫婦のボズユイでチャイをいただいた際に，興味深い話を聞いた．自分たちは牧畜をはじめたばかりでやり方がよくわからない，というのだ．

　クルグズスタンの山岳地域で，家畜が草をはみ，移動式テントが並ぶ風景だけを見ていると，つい忘れそうになるが，現在の中央ユーラシアに暮らす人びとが営む生業と，この地域で歴史的に展開されてきた生業との間には，実は大きな隔たりがある．ソ連が推し進めた社会主義的近代化とその後のソ連の崩壊が，結果

として，19世紀以前にこの地域で営まれてきた生業と，現在この地域でみられる生業との間に，大きなギャップをもたらすこととなった．それは，冒頭に述べたように，本来は伝統的な生業であったはずの牧畜技術の喪失となって表れている．

　調査中に，このような様子を見るにつけ，「人と自然の関係性を考える」ということは，実際にはひどく難しいことなのだということに気づかされる．変化する自然環境，変化する人間社会，そして，両者の関係の歴史的な変化を読み解く上で考慮しなくてはならないことは多い．こうした，生態環境と人間とのかかわりの歴史は「環境史」と呼ばれ（池谷 2009），近年，学際的なアプローチによる研究がおこなわれるようになった．本章著者らが参加した中央ユーラシアの環境史に関する研究プロジェクトも，そのような環境史の研究プロジェクトの一つである．

　中央ユーラシアにおける生業としての農業（農耕）と牧畜との組み合わせをみると，カザフスタン北部に広がるカザフ草原においては，もっぱら通年的に移動する遊牧が専業的に営まれていたのに対し，中国新疆からカザフスタン南東部，クルグズスタンにかけての天山山脈やジューンガル山脈の周辺地域では，低地と山地を往復する移動式牧畜と，山麓扇状地で定住的におこなわれるオアシス農業とが空間的にすみわけながら共存する農牧複合の世界であった．自然利用という観点から考えたとき，遊牧と移動式牧畜は，少ないながらもそこに降る雨によって生育した天然の草原を利用し，季節の進行とともに移動することによって草地への過度な負担を避けるという点で，脆弱になりがちな半乾燥地域の自然環境に適応した生業形態であった．また，オアシス農業に関しても，古くから集約的な灌漑農業がおこなわれてきた中国やウズベキスタンなどに比べると，土地・水資源利用の面で多分に粗放的で土地への負荷が少ない状態にあったといえる．

　しかしながら，もともと降水量の少ない中央ユーラシアでは，ほんの少しの気温や降水量の変化が植生景観に大きな影響をもたらす．とくに，天然の草に依存する牧畜や，天水に依存する農業，それらを生業とする人びとの生活は，その変化の影響を受けてきたと考えられる．そのような地域で，人びとは気候変動や環境変動にどのように適応してきたのだろうか．

　過去の環境変化を復元し，そこに暮らす人びととの資源利用の歴史を探ること

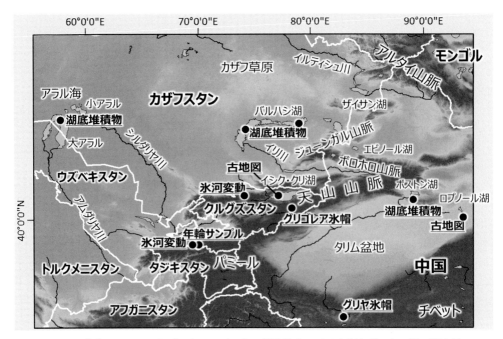

図 7-1 中央ユーラシアとプロキシーデータの採取地点．アラル海とボストン湖の湖底堆積物と，グリヤ氷帽のアイスコアのデータは先行研究の成果を利用している．

で，現在の人間が直面する地球環境問題を解決するための鍵を探すこと，それが，2007年〜2012年に実施された総合地球環境学研究所（以下，地球研）の「民族／国家の交錯と生業変化を軸とした環境史の解明―中央ユーラシア半乾燥域の変遷」プロジェクト（通称：イリ＝プロジェクト）の研究テーマであった．イリ＝プロジェクトでは，中央ユーラシアの自然環境を復元し，イリ川周辺の人間活動と自然環境の関係性を調べた（図7-1）．この章では，環境史のプロジェクトに関わった本章著者らの経験に基づいて，具体的な研究の取り組みとその成果について紹介する．

2　総合地球環境学研究所とイリ＝プロジェクト

まず，総合地球環境学研究所（以下地球研）とイリ＝プロジェクトについて概説しておこう．地球研は，文理融合研究による地球環境問題の解決を目指して

設立され，2001年に京都大学構内で研究活動が開始された．初代所長には，動物行動学者の故日高敏隆氏が就任した．大学共同利用機関の法人化に伴い，2004年に大学共同利用機関法人人間文化研究機構の一員になった．2006年に北区上賀茂に完成した現在の町屋風の建物に移転した．「地球環境問題の根源は，人間文化の問題にある」という認識に基づき，「地球環境問題の解決に資する」学際研究をおこなうことを目的として，設立以来多くの研究プロジェクトが実行されてきた．本章著者らが参加していたイリ＝プロジェクトが実施された2007年4月〜2012年3月（5年間）には，14の研究プロジェクトがあり，日本を含む世界中の地球環境問題の解決に取り組んでいた．当時はさまざまな分野の若手研究員が40〜50名ほど在籍し，研究所内で活発に議論する姿がみられた．研究員の在籍状況はとても流動的である．プロジェクトの終了時や，他機関に中途採用される際に研究員は地球研を離れる．一方，新プロジェクトの開始時や，中途退職があった時には新しい研究員がやってくる．おかげで5年間の在籍中にさまざまな研究員と出会うことができた．

　イリ＝プロジェクトに所属する地球研スタッフは，プロジェクトリーダーの窪田順平准教授（水文学），上級研究員の承志氏（歴史学），研究員の奈良間（自然地理学）と渡邊（人文地理学），技術補佐員の余田眞氏，事務員1名の6名からなる．わずか6名では，科学研究費の予算と期間を大幅に上回る大型プロジェクトを実行できない．イリ＝プロジェクトでは，全国の大学・研究所から60名ほどの研究者や大学院生が参加して一つのプロジェクトを構成していた．プロジェクトの研究会は，1〜2カ月に1度，地球研あるいは京都市内で開催され，メンバーが一堂に会して，各分野の研究成果を発表して議論するスタイルであった（図7-2）．プロジェクトにかかわる研究者の専門分野は，水文学，雪氷学，自然地理学，人文地理学，年輪年代学，土壌学，歴史学，法学，生態学，衛星環境学，第四紀学，考古学，農業水利学，文化人類学などさまざまで，全体のメンバー構成は特定の学問分野に偏らない．せまい分野に特化した科学研究費の研

図7-2　地球研での研究会の様子．

究活動とは大きく異なる．

　イリ＝プロジェクトでは，年を経るごとに，専門用語をできるだけ使わない，誰にでも理解できる報告が当たり前になり，共通理解が深まるにつれて，他分野の研究者が議論に参加する機会が増えていった．プロジェクトリーダーが積極的に質問する姿勢は，確実にプロジェクトメンバーに伝播し，各自が共通理解に努め，他分野の研究成果を活用しようという雰囲気が作られていった．

3　環境史解明へのアプローチとメンバー構成

　イリ＝プロジェクトが環境史の復元でターゲットとした時間スケールは過去1,000年間である．なぜ1,000年間の時間スケールかというと，中央ユーラシアの人間活動の痕跡を示す文書は多くなく，その情報はせいぜい過去1,000年間が限界だからである．過去1,000年間の環境史を復元する方法として，「歴史班」と近年の現状を調べる「現状分析班」に分かれ，研究者は自然科学・人文科学に関わらず，どちらかの班に属し研究が進められた．

　「歴史班」は，過去1,000年間の自然環境変動と人間活動とのかかわりの解明に取り組んだ．天山山脈やパミールの氷河のアイスコア，山岳地の樹木年輪，アラル海やバルハシ湖などの湖底堆積物などのプロキシー（代替）データを使用してカザフスタン領のイネ科草本（草原）の潜在的分布，イリ川流域の氷河面積と氷河流出量を復元した．また，古文書や古地図，考古遺跡から各時代の農耕・牧畜集落の分布を復元した．これらのデータを得た地点を図7-1に示す．

　「現状分析班」では，過去100年の自然環境に影響を与えた人間活動とその時代背景について，自然科学と社会科学の双方の視点から考察をおこなった．例えば家畜が大量死する災害であるジュトの要因として，気象条件と当時の社会状況の双方の分析をおこなった．また，土壌学的調査，景観生態学的調査，灌漑による圃場への影響評価をおこなう農業水利学的調査，イリ＝バルハシ湖流域の水収支分析，資料収集やインタビューからの当時の農業開発の実態調査を通して，牧畜や農業による草原や土壌へ与えた影響について複合的な視点からの考察をおこなった．研究活動には，博士論文や修士論文に取り組む大学院生も参加していた．

4 過去1,000年間の気候変動の復元

中央ユーラシアの過去1,000年間の自然環境変動が劇的であったことは，2000年代に実施されたヨーロッパやロシアの研究者からなるCLIMANという研究プロジェクトによって明らかになったばかりであった．アラル海は1960年頃までは世界第4位の面積を誇っていたが，ソ連が1950年代から進めた自然大改造計画によって広大な灌漑農業を始めたことで，アラル海に注ぎ込むシルダリア川とアムダリア川の流量が激減し，その面積は急激に縮小してしまった．現在のアラル海は，人為的な政策による環境破壊によって消滅の危機を迎えている．CLIMANプロジェクトでは，水位低下で浅くなったアラル海の湖底から堆積物コアを採取・分析し，13〜15世紀にアラル海の塩濃度が上昇したことを明らかにした．つまり，アラル海は，その頃，とても縮小しており（図7-3），当時の最少面積は，2002年ごろの面積と同規模であった．この急激な湖面低下は，中央ユーラシアの過去1,000年間において，劇的な環境変動があったことを示す貴重なデータとして注目された．さらに驚くべきことは，この短期間に，干上がった湖底に人が移り住み農耕がおこなわれていた事実である．この点について窪田（2013）は，牧畜民と同じように，農耕民集団でも移動による，環境変動に対す

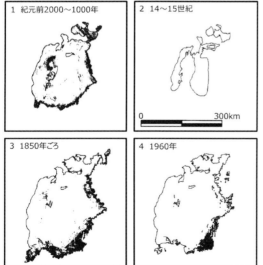

図7-3 過去のアラル海の湖水面積の変遷．岸近くの黒い部分は小さな島じまがある浅瀬（Boroffka *et al.* 2006 を一部改変）．

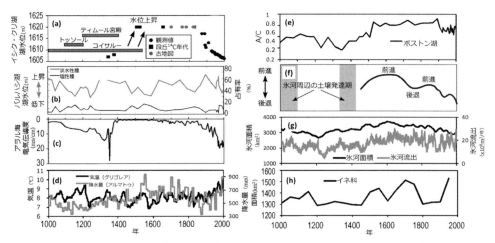

図 7-4 過去 1000 年間のプロキシーデータ．(a) イシク・クリ湖の湖水位変動と遺跡の活動期，(b) バルハシ湖の湖水位変動，(c) アラル海の湖底堆積物の電気伝導度 (Chen et al. 2010)，(d) グリゴレア氷河の酸素同位体比から復元された気温とグリヤ氷帽の涵養量から復元されたアルマトゥの降水量，(e) ボストン湖の乾湿変動，(f) 氷河の末端変動と土壌形成期，(g) イリ川流域の氷河面積と氷河流出，(h) カザフスタンのイネ科草本の面積変動．(奈良間 2012 を一部改変).

る適応がおこなわれていたことを指摘している．

　図 7-4 にプロジェクトでまとめたプロキシーデータの経年変化を示す．最初に，中央ユーラシアに分布する巨大水域の変動の同時性について検討した．まず，過去 1,000 年間の前半期に着目すると，イシク＝クリ湖では，12 ～ 14 世紀に活動した集落の遺跡は水深 6m ほどのところに沈んでおり，この時期に湖水位は低下していた（図 7-4a；福嶌 2006）．バルハシ湖で掘削した湖底堆積物からは珪藻種の割合が復元された．塩性の珪藻種の割合の増加は，湖水の塩濃度の上昇（湖水位の低下）を示す．その結果，AD1000 年～ 1250 年は過去 1,000 年間で最も湖水位が低下した時期であった（図 7-4b；遠藤ほか 2012）．これらは電気伝導度の値が大きくなる（＝水位低下により塩濃度が高くなる）12 ～ 14 世紀に低下したアラル海の湖水位低下のタイミングとおおよそ一致する（図 7-4c; Chen et al. 2010）．一方，過去 1,000 年間の後半期をみると，アラル海の古地図は 18 ～ 19 世紀に湖水位が現在より上昇していたことを示す．イシク＝クリ湖とロプノールの古地図や古文書にもこの時期の水位上昇を示す証拠がみつかった．これらの

湖水位変動の記録は，中央ユーラシアでの巨大水域の湖水位変動の時期がほぼ同じであり，過去 1,000 年間の前半期に湖水位が低下し，後半期に上昇していたことを示す．

　これら湖水位変動を引き起こした要因はなんだろうか．天山山脈のテスケイ山脈に位置するグリゴレア氷帽の 4,700m 地点で掘削された 87m のアイスコアの酸素同位体比の変動からは過去 1 万 2,500 年間の気温変化が明らかにされた（竹内 2012）．掘削ドリルは氷河底部の基盤まで達し，ドリルの先端には土壌が付着していた．この土壌の放射性炭素年代が 1 万 2,500 年前頃の年代を示したことから，掘削地点の氷河底部の高度に氷河がなかったことをもとにこの時期の氷河面積を復元した結果，この一帯の山岳氷河の 4 割は消滅していたこと，現在の氷河の多くは最終氷期からの生き残りではないことが示された（Takeuchi et al. 2014）．過去 1,000 年間の気温変動をみると，寒冷期は 13 世紀，15 世紀，16 世紀，19 世紀であり，最近数十年の気温が最も高い（図 7-4d）．グリゴレア氷帽の気温変動は明瞭な小氷期の気温低下を示さないが，オハイオ州立大学のトンプソン氏のグループが掘削・分析した崑崙山脈グリヤ氷帽の気温データには明瞭な寒冷期が示されている (Thompson et al. 1995)．グリヤ氷帽のアイスコアから復元された涵養量と過去 100 年間のアルマトゥの降水データとの相関から推定された過去 1,000 年間のアルマトゥの降水量変動をみると，AD1000 年〜 1450 年は相対的に降水量が少ない乾燥期で，1450 年〜 1830 年は降水量が増加する湿潤期であった（図 7-4d）．中国タリム盆地北東部にあるボストン湖では，湖底堆積物に含まれるヨモギ属とアカザ科の花粉の割合（A/C）から乾湿変動が復元されており（Chen et al. 2006），乾燥期に増えるアカザ科の割合が過去 1,000 年間の前半期に増加している（図 7-4e）．これら結果から，この地域では過去 1,000 年間の前半期には温暖 / 寒冷（温暖と寒冷の繰り返し）・乾燥気候が，後半期には寒冷・湿潤気候が卓越していたことが読みとれる．また，この地域の氷河の拡大期は後半期に生じている（図 7-4f）．湖水位の変動は，河川からの流入量と湖水面積における降水量による増加と，湖水面積での蒸発量による減少との収支バランスによって決まる．先行研究やプロジェクトメンバーがもち寄った複数のデータを組み合わせると，過去 1,000 年間の前半期にみられる湖水位の低下は，温暖 / 寒冷・乾燥期の蒸発量の増加と流入量の減少が引きおこし，後半期の湖水位の上昇は，寒冷・湿

潤期の蒸発量の低下と流入量の増加が影響している可能性が示唆された．

5．過去1,000年間の環境史のストーリー

　過去1,000年間の自然環境変動と人間活動のかかわりを調べるにはどうしたらよいだろうか．プロジェクトの対象地域の生業形態は農牧複合であるため，人間活動には灌漑農業への河川からの水供給と，牧畜のための草地面積が大きく影響する．復元されたイリ川流域の氷河面積と氷河流出量（図7-4g）をみると，13世紀に氷河面積は縮小し，氷河流出量も減少していたようである（坂井 2012）．この復元された氷河面積は，氷河編年や衛星画像から復元された小氷期の氷河面積と調和的である．また，牧畜に関わる草地面積の変動を復元するため，グリゴレア氷帽の気温データとグリヤ氷帽の涵養量データを，アルマトゥの過去100年に観測された気温と降水量との相関から，アルマトゥの気温と降水量データに置き換え，イネ科草本（草原）の潜在的面積分布の復元を試みた（堀川ほか 2012）．つまり，カザフスタン領の現在のイネ科草本の分布と気温・降水量の相互関係から，復元された過去1,000年間の気温と降水量データを用いて，50年ごとのイネ科草本の潜在的分布を推定した（カザフスタン領では植物の種レベルの植生図が整備されており，カザフスタン領のみ草本の分布が復元された）．この結果，湖水位が低下した前半期（乾燥期）と上昇した後半期（湿潤期）のイネ科草地面積は異なる（図7-4h）．地域でみると，カザフスタン南部では，前半期の乾燥期に縮小し，小氷期の湿潤期に拡大している．カザフスタン南部の山岳地や山麓部の草原の広がりが乾燥・湿潤の気候に影響されている一方，カザフスタン北部の平坦地の草原の広がりは気温に影響されており，小氷期後半には縮小していた．

　人間活動を直接示す集落分布は，古文書や古地図，遺跡分布から復元された．プロジェクトメンバーでカザフスタン遊牧文化遺産研究所の地質考古学者であるサラ氏が作成した100年ごとのシルダリア川流域の集落分布図では，山岳・山麓部周辺では，乾燥した前半期には，農耕集落は河川沿いに集中しており，灌漑農業が営まれていたことがわかる．一方，後半期には，いくつかの農耕集落は河川沿いから消え，その代わりに内陸部にも集落がみられるようになる．これらの内陸部に分布する集落は，農耕集落とは生業形態が異なる遊牧集団の集落である．

第 7 章　中央ユーラシアの環境史　97

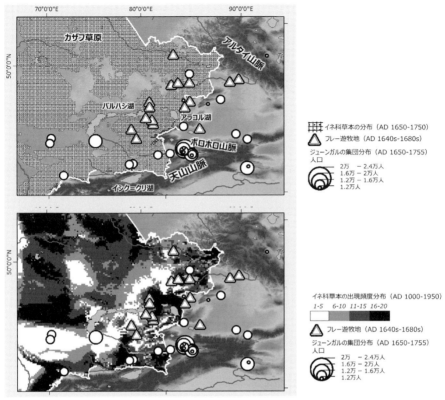

図 7-5　(上) カザフスタン領の 17〜18 世紀のイネ科草本の分布域，(下) 1,000 年間で草原が成立していたと考えらえる頻度 (50 年ごとの推定で，イネ科草本が成立していたと考えられる回数) と，上下に共通な遊牧集団の分布 (奈良間 2012 を一部改変)．

　遊牧集落の分布範囲拡大の背景には，気候の変化を受けてイネ科草本が卓越する草原が広がったことによって，遊牧集団の活動範囲も広がったことが要因として考えられる．復元されたカザフスタン領の 1650 年〜 1750 年の草原の分布に，承 志氏による遊牧民の集団分布のデータを重ねてみると，オイラト＝イフ＝フレーという 1,200 人の僧侶からなるチベット仏教集団と 19 世紀に栄えた最後の遊牧国家であるジューンガル帝国集団の分布と草原範囲がかなり一致する (図 7-5 上)．図 7-5 下は，過去 1,000 年間で草原が成立していたと考えらえる頻度 (50 年ごとの推定で，草原が成立していたと考えられる回数) と遊牧集団 (放牧地)

分布との比較である．ジューンガル帝国の集団が活動した場所は，過去 1,000 年間で草原が継続的に分布していた場所ではなく，一時的に草地が拡大した場所であった．

中央ユーラシアでは，前半期の温暖/寒冷・乾燥期と，後半期の寒冷・湿潤期という大きな環境変動が過去 1,000 年間に生じ，農牧複合形態が営まれるなか，遊牧集落だけでなく，農耕集落でさえも活発な移動という手段で激しい環境変動に適応していたことが明らかになった（窪田 2013）．

6　過去 100 年間の生業形態の変化と現在の環境問題

次に現状分析班の成果を紹介する．中央ユーラシアにおいて連綿と続いてきた人と自然の関係性に対して，現在に続く大きな変化が起こったのは，19 世紀から 20 世紀にかけての 100 年余りのことである．

18 世紀に清によってジューンガル帝国が滅亡した後，この地域には，南下するロシアと東から勢力を伸ばす清の影響力が及ぶようになる．清とロシアの間に国境線が引かれた後はロシアの影響力が増大した．スラブ系移民による農業開発と，その後のソ連が主導した大規模農業開発がもたらしたインパクトははかり知れない．

18 世紀ごろにスラブ系の移民が流入したことによって，それまで空間的に棲み分けてきた農耕と牧畜の土地利用が競合しはじめる（図 7-6）．遊牧であれ，移動式牧畜であれ，この地域の牧畜は，移動することによって変化する降水や草地の状態に適応していた．古文書には，良質な草を求めかなり広範囲で移動していたという記録がある．干ばつや豪雪などによって引き起こされる家畜の大量死（ジュト）は，約 10 年おきに発生していたが，移動はこの被害を緩和するための手段でもあった．スラブ系移民の流入によって農地が増加し，良好な牧地が使えなかったり，移動が妨げられたりするようになったことで，家畜に良質な草を十分に与えられなくなるという，ある意味社会的な要因によって家畜の大量死（ジュト）が引き起こされたこともあった（宇山 2012）．その後，ジュトは分業体制下の飼料生産によって克服される．

このような状況を受け，遊牧民たちの定住化は徐じょに進みつつあったが，1922 年にソ連が成立すると，クルグズスタンやカザフスタンなどの中央アジア 5

第7章　中央ユーラシアの環境史　99

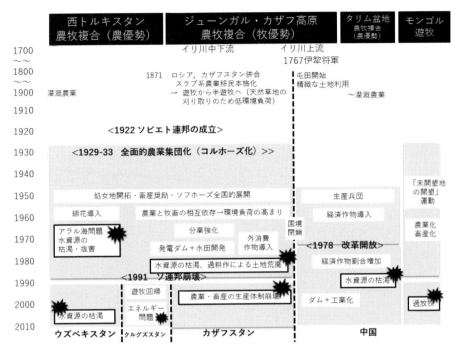

図7-6　近現代における社会体制と生業，環境問題の変遷の地域比較．対象地域における環境問題や社会問題について，その契機となった出来事を含め時空間ダイアグラムにまとめた．

か国は，相次いでその構成共和国となった．これを機に，ソ連主導による農業開発がおこなわれ，この地域の生業形態の変化は急速に進む．対象地域では，ソ連時代をとおして，中央ユーラシアの農耕・牧畜（畜産）は，ソ連全土に対する食糧供給基地としての役割を担い，極端な分業制に基づいて生産効率を上げようとする，ソ連式の生産体制が敷かれていった（図7-6）．

1991年にソ連が崩壊し，分業体制を敷いたコルホーズやソフホーズも解体されるようになると，これらが所有していた農地や家畜は個人に分配された．しかしながら，分業体制を敷いていた影響から，農耕をやるにしても大型機械の利用や修理ができず，個人による農業経営は難しく，農地は放棄され，農業から人が離れていった．また放牧についても同様で，放牧担当者しかその牧畜技術を知らず，家畜を手放す者が続出した．

これまでの環境史を振り返ると，環境変化に対して移動という手段で適応してきた対応法が，18世紀末から徐じょに始まり20世紀前半まで続いた定住化や大規模農業開発によって失われ，伝統的な生業体制も失われてしまったことは，本地域の人と自然の関係性を考える上で重要な転換であった．さらには，分業に基づく農業や畜産の大規模化を推し進めたソ連が崩壊したことで，分業体制も崩壊し，環境史をおおきく変えた．冒頭で述べた，若い牧畜夫婦の話は，自然環境変動の影響ではなく，現在までの人為的な影響（政策）で生まれてきたものであることが理解できるだろう．

　自然環境の変動を明らかにし，それに対する人間側の適応についての考察が中心であった歴史班に対して，現状分析班による研究は，むしろ人間社会の側の変化や人間活動による自然環境への影響評価をすることが主体となった．大枠のストーリーとして，ソ連史を専門とする地田徹朗氏らによって，文献調査からソ連時代の農業開発・水利開発に関する政治的な意思決定プロセスやその理念が明らかにされ（地田 2012），渡邊（2012）らによるインタビュー調査や衛星画像の分析などから，農業開発現場の実態が明らかになった（図7-7）．地産地消的な作物栽培から，域外での消費を目的とした作物（外消費作物：ここでは種用トウモロコシ）の導入にともない，栽培面積が拡大した時期の扇状地では農地の拡大や区画整備などの変化がみられ（図7-7a, b），ソ連の崩壊前後の時期にはコルホーズやソフホーズが解体され土地利用が細分化された状況が見てとれる（図7-7b, c）．

　さらに，こうした人間活動がもたらした影響が評価された．たとえば，圃場における水管理の実態とそれらが土壌塩濃度にあたえた影響（清水 2012），牧地であった土地が農地に転換されたことによって起こった土壌劣化（舟川 2012）などである．大西・地田（2012）によると，乾燥しているが，水（天水）さえ確保できれば好適な農地となりうる場所において，国家政策として灌漑農地を増やした結果，河川流量の減少と末端湖の湖水位の低下が起こった．

　ソ連時代の農業開発によって，中央ユーラシアの乾燥・半乾燥地の生態環境への負荷は高まった．ソ連崩壊によって灌漑農地が放棄され，環境への負荷は低減されたかにみえる．しかし，移動することで変化する自然環境に適応する，というかつての手段が失われてしまった以上，今後なんらかの新しい手段で生態環境

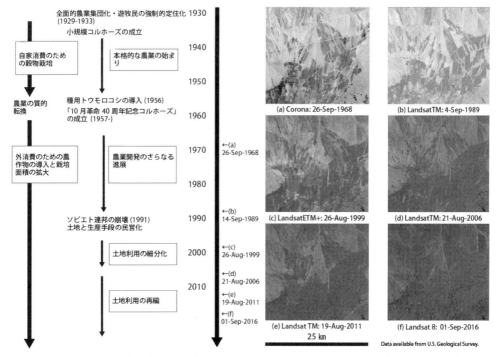

図 7-7　カザフスタン共和国アルマトゥ州のあるコルホーズをめぐる農業開発の変遷（Watanabe 2016 を一部改正）．(a)～(f) は衛星画像とその撮影時期．黒色～濃い灰色部分が農地．

と人間活動のバランスを維持していくことがこの地域の課題である．

7　統合研究の課題

　イリ＝プロジェクトのような統合研究プロジェクトでは，さまざまな研究分野の研究者が一つの目標に向かってそれぞれの役割分担で課された調査結果をもち寄って研究が進んでいく．そこでは，自分に興味のあることだけをやっている研究者は，全体の流れにそぐわないので，プロジェクトから離れていく．統合プロジェクトでは目標を達成するために高いモチベーションが維持されることが前提であり，そのためには研究費が保証されなければならない．プロジェクトが大規模で，対象地域が広いほど研究資金も多額になる．巨大なプロジェクトほど研

究資金がなければ求心力を維持できない．

　ところで，個人研究レベルの枠を超えた，新たな知見を得られるのが統合研究の醍醐味であろう．たとえば今回の場合に可能になった，人文科学と自然科学が融合し，さらには自然科学の中でも異なる分野からもち寄ったデータで新たなデータを生み出す作業はほとんど前例がない．適材適所に人材を配置し，思い描いた成果を出すことにはリーダーの力量が求められる．統合研究（学際研究）は，個人研究や，ある分野に特化した研究の枠を超え，さまざまな研究分野の成果を統合することで新たな知見を得ることができる．統合研究のためには，地球研ほどの大きなグループでなくても，小さなグループでも異分野あるいは分野内の異領域が集まって期待される成果をもたらすような組織さえ構築されれば可能になるのではないだろうか．このような，多くの専門分野の研究者が集まる，学際プロジェクトにおいて地理学の果たす役割は大きい．イリ＝プロジェクトにおいても，われわれ2名の地理学出身者がとりまとめに関わった．

　総合学問としての地理学は自然科学・人文社会科学の両方にまたがっているし，俯瞰的な視野をもって対象となる地域や事象をみるようにトレーニングを受けるため，こういった統合研究プロジェクトの中心的な担い手となりうる基礎は十分に備えている．総合学問としての特徴を活かす，という意味で言えば，学際プロジェクトにおける地理学の役割は大きい．

【参照文献】

Boroffka, N. G. O., Obernhänsli, H., Sorrel, P., Demory, F., Reinhardt, C., Wünnemann, B., Alimov, K., Baratov, S., Rakhimov, K., Saparov, N., Shirnikov, T., Krivonogov, S. K. 2006. Archaeology and climate: settlement and lake-level changes at the Aral Sea. *Geoarchaeology* 21: 721-734.

Chen, F., Huang, X., Zhang, J., Holmes, J.A., Chen, J. 2006. Humid Little Ice Age in arid Central Asia documented by Bosten Lake, Xinjiang, China. *Science in China Series D: Earth Sciences* 49: 1280-1290.

Chen, F.H., Chen, J.H., Holmes, J., Boomer, I., Austin, P., Gates, J.B., Wang, N.L., Brooks, S.J., Zhang, J.W. 2010. Moisture changes over the last millennium in arid central Asia: a review, synthesis and comparison with monsoon region. *Quaternary Science Review* 29: 1055-1068.

地田徹朗　2012．社会主義体制下での愛初政策とその理念―「近代化」の視覚から―．窪田順平監修，渡邊三津子編『中央ユーラシア環境史 第3巻 激動の近現代』23-76．臨川書店．

遠藤邦彦・須貝俊彦・原口 強・千葉 崇・近藤玲介・中山裕則　2012．バルハシ湖の湖底堆積物からみる湖水位変動と環境変遷．窪田順平監修，奈良間千之編『中央ユーラシア環境史 第1巻 環境変動と人間』86-136．臨川書店．

福嶌義宏　2006．中央アジアの天空の湖，イシククル湖の長期水位変化．水利科学 49 (6): 74-91.
舟川晋也　2012．中央ユーラシアの土壌と生産生態基盤．窪田順平監修, 渡邊三津子編『中央ユーラシア環境史 第 3 巻 激動の近現代』78-120．臨川書店.
堀川真弘・津山幾太郎・石井義朗　2012．過去 1000 年間の植生復元―カザフスタン全域およびイリ川周辺地域におけるイネ科草本植物の分布域の変動―．窪田順平監修, 奈良間千之編『中央ユーラシア環境史 第 1 巻 環境変動と人間』145-152．臨川書店.
池谷和信　2009．『地球環境史からの問い ヒトと自然の共生とは何か』岩波書店.
窪田順平　2013．適応としての移動 中央ユーラシアにおける環境変動と人間の適応．佐藤洋一郎・谷口真人編『イエローベルトの環境史 サヘルからシルクロードへ』154-167．弘文堂.
奈良間千之　2012．中央ユーラシアの自然環境と人間―変動と適応の 1 千年史―．窪田順平監修, 奈良間千之編『中央ユーラシア環境史 第 1 巻 環境変動と人間』268-312．臨川書店.
大西健夫・地田徹朗　2012．乾燥・半乾燥地域の水資源開発と環境ガバナンス．窪田順平監修, 渡邊三津子編『中央ユーラシア環境史 第 3 巻 激動の近現代』267-298．臨川書店.
坂井亜規子　2012．過去千年間の氷河変動．窪田順平監修, 奈良間千之編『中央ユーラシア環境史 第 1 巻 環境変動と人間』153-162．臨川書店.
清水克之　2012．中央アジアにおける灌漑農業．窪田順平監修, 渡邊三津子編『中央ユーラシア環境史 第 3 巻 激動の近現代』121-152．臨川書店.
竹内望　2012．天山山脈アイスコアからみる中央アジアの気候変動．窪田順平監修, 奈良間千之編『中央ユーラシア環境史 第 1 巻 環境変動と人間』16-85．臨川書店.
Takeuchi, N., Fujita, K., Aizen, V., Narama, C., Yokoyama, Y., Okamoto, S., Naoki, K., Kubota, J. 2014. The disappearance of glaciers in the Tien Shan Mountains in Central Asia at the end of Pleistocene. *Quaternary Science Reviews* 103: 26-33.
Thompson, L.G., Yao, T., Mosley-Thompson, E., Davis, M.E., Lin, P.E., Henderson, K.A., Cole-Dai, J., Bolzan, J.F., Liu, K.B. 1995. A 1000 year climate ice-core record from the Guliya ice cap, China: its relationship to global climate variability. *Annals of Glaciology* 21: 175-181.
宇山智彦　2012．カザフスタンにおけるジュト（家畜大量死）―文献史料と気象データ（十九世紀中葉―1920 年代）．窪田順平監修, 奈良間千之編『中央ユーラシア環境史 第 1 巻 環境変動と人間』240-258．臨川書店.
渡邊三津子　2012．「社会主義的近代化」の担い手たちがみた地域変容―イリ河中流域を対象として―．窪田順平監修, 渡邊三津子編『中央ユーラシア環境史 第 3 巻 激動の近現代』78-120．臨川書店.
Watanabe, M. 2016. Land Use and Cover Changes Due to Agricultural Development in Zharkent, Almaty Oblast, Kazakhstan. In *Materials of the International Scientific Conference "Problems of Biodiversity Conservation Study and Sustainable Use of Bioresources"*, devoted to the 70th Anniversary of Dr. Sci. Biol., Professor Nurtazin Sabyr Temirgalievich. 262-269. Almaty: Kazak National University.

《考えてみよう》

　牧畜民や農耕民が移動した理由は環境変動だけではない．ある集団が移動するとその影響で別の集団が玉突きのように移動させられることがある．あるいは，移動を開始したものの，すでにいる集団に追い払われて定着する場所がなく，定着場所を見出すまで長距離の移動を強いられた集団もある．このような移動はどのようにおこなわれたのであろうか．

奈良間　千之（ならま＝ちゆき）　新潟大学理学部自然環境科学科准教授　e-mail: narama@env.sc.niigata-u.ac.jp　1972年静岡県生まれ．東京都立大学大学院理学研究科を修了後，名古屋大学日本学術振興会特別研究員PD，総合地球環境学研究所プロジェクト研究員を経て現職．博士（理学）．統合研究に興味を持ったのは，1998年のブータンの氷河湖調査に参加して雪氷学者と活動した時である．その後，地球研の二つのプロジェクトに参加して統合研究を学んだ．編著書に『中央ユーラシア環境史I』（臨川書店），共著書に『朝倉世界地理講座5　中央アジア』，『地形の辞典』（ともに朝倉書店）などがある．

渡邊　三津子（わたなべ＝みつこ）　千葉大学大学院人文科学研究院助教　e-mail: watanabe.m415@gmail.com　1977年広島県生まれ．奈良女子大学大学院人間文化研究科を修了後，総合地球環境学研究所プロジェクト研究員，奈良女子大学研究支援推進員を経て現職．博士（理学）．編著書に『中央ユーラシア環境史III』（臨川書店），共著に，「カナートのしくみ・歴史・分布」，縄田浩志・篠田健一編『国立科学博物館叢書15　沙漠誌—人間・植物・動物が水を分かち合う知恵—』（東海大学出版会）などがある．

第8章 統合自然地理学の実践の場となる地層処分技術の研究開発

小松 哲也

日本列島における高レベル放射性廃棄物の地下処分，すなわち地層処分では，地下300 m以深の地質環境の変化を数万年以上先まで予測・評価する技術の開発が求められる．地下の地質環境と統合自然地理学とは一見無関係にみえる．しかし，その技術開発は，統合自然地理学の実践の場である．

キーワード：高レベル放射性廃棄物，地層処分，地質環境，幌延地域

1 はじめに

原子力発電では，電気をおこすためにウラン鉱石を加工したウラン燃料を使用する．使い終えたウラン燃料を「使用済み燃料」と呼ぶが，わが国では，限りある資源を有効に利用するという観点から再処理工場において，使用済み燃料から燃料として再利用できるウランとプルトニウムを取り出すこととしている．では，ウラン燃料は再処理の過程でゴミを出さないのだろうか？　答えは「出す」である．使用済み燃料にはウランとプルトニウム以外にも核分裂生成物が含まれており，再処理工程においてそれらを含む放射能の高い廃液が発生するからである．そうした廃液を安定な状態を維持できるようにガラス固化したものが，「高レベル放射性廃棄物」と呼ばれるゴミになる．また，高レベル放射性廃棄物以外にも，原子炉内の部品や作業員の作業着といった低レベル放射性廃棄物と呼ばれるゴミも含め，さまざまな放射能レベルのゴミが発生する．

これらの放射性廃棄物は，非常に長い時間にわたり放射能を有する．たとえば，高レベル放射性廃棄物は，地中にあったウラン鉱石と同等の放射能レベルになるまで数万年以上かかる（図8-1）．また，低レベル放射性廃棄物にも半減期の長い放射性核種を含むものがある（地層処分相当低レベル放射性廃棄物と呼ばれる）．このため，これらの放射性廃棄物を人間の生活環境に影響を及ぼさないように数万年間以上，管理ないしは隔離し続けることが求められる．

　しかし，高レベル放射性廃棄物と地層処分相当低レベル放射性廃棄物について人間の管理による貯蔵を選択したとすれば，1世代30年としても数千世代にわたって管理を引き継いでいかなくてはならなくなる．これには限界があるだろう．そのため，わが国ならびに諸外国は，高レベル放射性廃棄物を人間の管理に依存せずに人間の生活環境から隔離し続けられる処分法の一つ「地層処分」[注1]で処分することを選択している（原子力発電環境整備機構2009; 資源エネルギー庁2017a）．地層処分は，地下の環境がもつ，物質を閉じ込める性質を利用し，地下深部（地下300 m以深）[注2]の安定した岩盤内に放射性廃棄物を埋設するという方法である（吉田2012）．

　地層処分の安全性を技術的に確保することを目的とした研究開発が，地層処分技術の研究開発である．では，地層処分技術の研究開発と統合自然地理学とはどのように関係するのか？　また，統合自然地理学は，地層処分技術の研究開発に貢献することができるのか？　この論文では，これらの疑問に答えていきたい．その構成は以下の通りである．次節では，地層処分技術と統合自然地理学との関

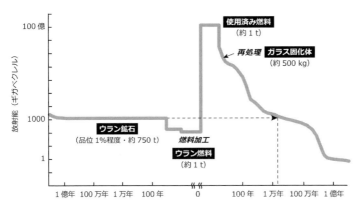

図8-1　ウラン鉱石・燃料と高レベル放射性廃棄物（ガラス固化体）の放射能の時間的推移．核燃料サイクル開発機構（1999）をもとに作成．

係について説明する．第3節では，具体的な研究事例から地層処分技術の研究開発と統合自然地理学との共通点を説明する．最終節となる第4節では，まとめに代えて地層処分における統合自然地理学の重要性について述べる．

2 地層処分技術の研究開発と統合自然地理学との関係

2-1 地層処分の基本的な考え方

地層処分の安全性において考えなくてはならないのが，埋設された高レベル放射性廃棄物が人間とその生活環境（以下，人間環境）に影響を及ぼす可能性である．そうした可能性は，「接近シナリオ」と「地下水シナリオ」の二つの道筋から想定される（核燃料サイクル開発機構 1999）．

接近シナリオは，高レベル放射性廃棄物と人間環境との物理的距離が接近することで，高レベル放射性廃棄物の影響が直接的に人間に及ぶことを想定したものである．具体的に言えば，火山噴火による廃棄物の放出，隆起・侵食による地下施設の地表への著しい接近，資源開発を目的とした地下への人間の侵入である．接近シナリオへの対策は，シナリオで想定される影響を排除できる場を選ぶことである．

地下水シナリオは，高レベル放射性廃棄物から漏洩した放射性核種が地下水を介して人間環境へ運ばれることを想定したものである．このシナリオに対しては，工学的な処置による「人工バリア」と天然の地下環境がもつ「天然バリア」を組み合わせた「多重バリアシステム」を構築し，地下に封入・隔離された放射性物質が漏れることを最大限抑制することで対応する．具体的には，ガラス固化した高レベル放射性廃棄物（ガラス固化体）を厚さ20 cm程度の金属製の容器（オーバーパック）に密封し，それらを粘土鉱物であるベントナイト（緩衝材）で包み込んで岩盤中に埋設することが考えられている

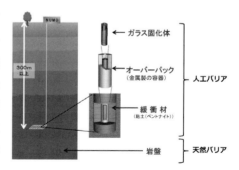

図 8-2 地層処分における多重バリアシステム（天然バリアと人工バリア）．原子力発電環境整備機構（2016）を一部改変．NUMOは地層処分事業の実施主体である原子力発電環境整備機構の略称．

(原子力発電環境整備機構 2009).

さらに地層処分の安全性は，接近シナリオで想定される影響を排除できる場の「地質環境[注4]」において数万年以上の長期にわたり多重バリア機能が維持されるかどうか，つまり，選定した場が「安定した地質環境[注5]」であるかどうかの長期評価をおこなうことによって確認される．以上が，地層処分における安全性確保の仕組みであるが，地質環境の長期安定性において考慮すべき自然現象，言い換えれば地層処分において安定した地質環境を妨げる自然現象にはどのようなものがあるのだろうか？

2-2 地質環境の長期安定性において考慮すべき自然現象

核燃料サイクル開発機構（1999），草野ほか（2010）には，日本列島における地質環境の長期安定性において考慮すべきおもな自然現象が挙げられている（図8-3）．これらの先行研究に示された自然現象は，「隆起・侵食と気候・海水準変動（氷期・間氷期サイクルに伴う気候変動と氷河性海水準変動）」，「火山と熱水活動」，「地震活動と断層運動」である．これらが取り上げられた理由は以下のようにまとめられる．

- 「隆起・侵食と気候・海水準変動」：生活環境と処分施設との離間距離の短縮，地下水の流動特性や水質の変化による放射性物質の移行への影響が考えられるため．
- 「火山と熱水活動」：マグマの貫入・噴出による処分施設の破損，地温上昇・熱水対流の発生，熱水・火山ガスの混入による地下水の水質変化をもたらす可能性があるため．
- 「地震活動と断層運動」：岩盤の破断・粉砕による処分施設の破損，岩盤の破断・破砕による水みちの形成，岩盤ひずみに起因する地下水の水理学的変化をもたらす可能性があるため．

重要なことは次の2点である．第1点は，隆起・侵食と気候・海水準変動のような地球表層部の自然環境の変化が地下深部の地質環境の安定性に影響を及ぼすこと，第2点は，相互に関係しうる複数の自然現象が地質環境に影響を与えうることである．これら2点を考慮すると，地層処分の安全性を確保するためには，地下深部の調査・研究だけでなく，統合自然地理学的な観点からの地球表層部の

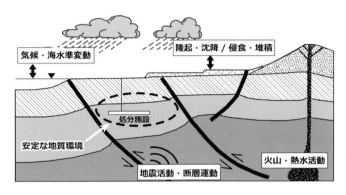

図 8-3　地層処分において考慮すべき自然現象と安定な地質環境．草野ほか（2010）を一部改変．

調査・研究も必要であることがわかる．

2-3　地質環境の長期安定性評価と統合自然地理学

　長期間安定した地質環境を選ぶためには，上に挙げた自然現象のデータベース，または見取り図が必要である．わが国では，「日本の第四紀火山カタログ」（第四紀火山カタログ委員会 1999），「日本地温勾配図」（矢野ほか 1999），「日本列島活断層図」（活断層研究会編 1991；中田・今泉編 2002），「最近 10 万年間の隆起速度分布図」（藤原ほか 2004），「侵食速度の分布図」（藤原ほか 1999）が作成されている．さらに地質環境の長期的変化についての基本的な考え方と，日本の地質，隆起・沈降，活断層，地温勾配の分布に関する最新データについては地質学会からのリーフレットとして発表・公開されている（地質環境の長期安定性研究委員会 2011）．こうした既存データを用いることで，長期的に安定した地質環境という評価から明らかに外れる場，たとえば，隆起量が著しく大きい場，地温勾配が高い場，活断層が通過する場などを避けることができるだろう．地層処分技術ワーキンググループ（2017）は，「火山・火成活動」，「隆起・侵食」，「地熱活動」，「火山性熱水・深部流体」，「断層活動」などの自然現象に，偶発的な人間侵入リスクである「鉱物資源探査活動」を加えた六つのリスクに関して，それらを地層処分施設の候補地から回避するための考え方・基準を「地質環境特性及びその長期安定性確保に関する要件・基準」に示している．

　しかし，「地質環境特性及びその長期安定性確保に関する要件・基準」等に照らし合わせて地層処分の候補地域を選定するのは，いわば長期的に安定した地質

環境を選定するためのスクリーニング（選別）作業に過ぎない．先述したように，長期的に安定した地質環境を選定するためには，自然現象が処分候補地の地質環境に与える影響について数万年以上先まで予測・評価することが求められる．そのような自然現象の長期予測は，「外挿法」，「類推法」，「確率論」，「モデルを用いたシミュレーション」にもとづいておこなわれる（田中 2011）．これらの方法論にもとづき将来の地質環境を予測・評価する際に不可欠なのが，対象地域の地質環境特性の理解，つまり対象地域の地質環境を一つのシステムとしてとらえ，自然現象が地質環境の特性に与える影響の範囲や程度，それらの変動速度（応答時間）を定性的，さらには定量的に理解することである．これは，地域の自然をシステムとしてみて，研究領域をまたぐ現象の因果関係を解明する統合自然地理学（岩田 2016）の実践に他ならない．

3　地層処分技術の研究開発と統合自然地理学との共通点

　日本原子力研究開発機構は，地質環境の長期安定性評価に関わる研究開発を，沿岸域・堆積岩分布地域である北海道北部の幌延地域と内陸域・結晶質岩（花崗岩）分布地域である岐阜県東部の東濃地域でおこなっている．その中でも幌延地域を対象におこなわれた地質環境の長期安定性評価技術の研究開発（たとえば，新里・安江 2005; 太田ほか 2007; 新里ほか 2007; 中山ほか 2010, 2011; Niizato *et al.* 2011）は，統合自然地理学の研究例と言えるほど，その方法論において統合自然地理学との共通点がある．そうした共通点は次の3点にまとめられる．
・自然現象の時空間スケールを考慮した調査
・研究領域をまたぐ自然現象データの取得とそれらの統合
・地質学的概念モデルの作成
これらについて以下に詳述する．

3-1　自然現象の時空間スケールを考慮した調査

　幌延地域を事例とした研究は，図8-4に示すように北海道全域とその周辺海域を対象とした広域スケールから幌延町北進地区を対象としたスケールまで徐じょに調査領域を狭めるようにして進められた（太田ほか 2007）．その空間スケールと調査領域の設定根拠は以下の(1)～(4)に整理できる．

(1) 北海道全域とその周辺海域（図 8-4 (1)）：幌延地域で生じる自然現象の背景となる大〜中地形の配列及び地質構造を規定した地殻変動の様式（=広域テクトニクス）を把握するための空間スケール．北海道周辺のプレート境界とおもな変動帯を考慮し調査領域を設定した．

(2) 北海道北部地域（図 8-4 (2)）：広域テクトニクスのもと幌延地域周辺で進行する地殻変動，氷期・間氷期サイクルに伴う気候変動の影響を把握するための空間スケール．北海道全域のネオテクトニクスにもとづく地域区分，幌延地域が属する堆積盆（天北(てんぽく)堆積盆）の空間的広がり，氷期における海水準低下の影響，海底地形などを考慮し調査領域を設定した．

(3) 幌延地域とその西方海域（図 8-4 (3a, b)）：幌延地域の地質構造発達史・地形

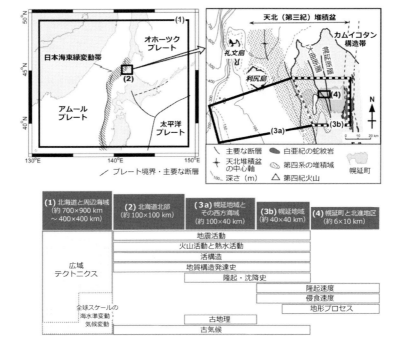

図 8-4 自然現象の時空間スケールを考慮した調査対象領域の設定例．幌延地域における地質環境の長期安定性評価技術の研究開発を示す．上の図に示された (1)〜(4) の対象領域において考慮すべき自然現象が下のダイアグラムに示されている．太田ほか（2007）を一部改変．

発達史・古地理変遷史を把握するための空間スケール．堆積盆の空間的広がり，北海道北部地域の地質構造とそれを反映した平野・丘陵・山地を考慮し調査領域を設定．また地形・地質から隆起・沈降の過程を復元するため，幌延地域の陸域のみを対象とした調査領域も設定した．

(4) 幌延町北進地区（図 8-4 (4)）：地形変化の様式を把握するための空間スケール．幌延地域では地層による地形の違い（差別削剥地形）が明瞭なことから，幌延地域に分布する地層群を網羅するように調査領域を設定した．

統合自然地理学では，自然現象を支配する法則や条件が，時間・空間スケールによって異なることを強く意識する（岩田 2017）．そして自然現象をさまざまな時間・空間スケールで取り扱うことで，対象地域の地質・地形・風景の成り立ち，つまり自然史の理解に繋げる（たとえば，貝塚 1989）．上に挙げた幌延地域での研究の進め方は，そうした意味合いで統合自然地理学的アプローチといえよう．また，幌延地域での研究開発は，データの収集範囲を，広域から，徐じょに狭い領域へと狭めることによって，収集するデータに漏れや偏りが発生することを防いでいる（太田ほか 2007）．これは，自然現象の時空間スケールを考慮した研究の進め方，すなわち統合自然地理学的アプローチが，データ収集の方法論として優れていることを示している．

3-2　研究領域をまたぐ自然現象データの取得とそれらの統合

図 8-4 の (1)〜(4) の空間スケールで区切った領域において収集されるデータは，「プレート運動と地震活動」，「活断層・活褶曲の活動性評価」，「地殻変動による地形と地質構造の時空間変化の把握」，「永久凍土の消長（古環境変動）」，「海岸線変遷の古地理」など多岐にわたる．テーマごとに分けられたデータの取得は，地震学，地質学，第四紀学，自然地理学（地形学）などの個別課題である．太田ほか（2007）は，そうしたデータの取得を「既存情報を対象とした調査」と現地での地形・地質調査（ボーリング調査を含む）をおこなう「地表からの調査」に分けて効率的に進めている．重要なことは，個別領域型の研究により取集されたデータを統合し，対象地域の地質・地形・風景の成り立ちや自然の仕組みの理解を容易にさせる方法である．その方法は，貝塚（1989）が提案した自然史ダイアグラムの作成方法や発達史地形学の方法（貝塚 1998）と類似する．つまり，時

間の流れに沿って，地質・地形・風景の成り立ちや自然の仕組みが俯瞰できるような見取り図を，適切な空間スケールで作成することである．具体的に言えば地質・地形の「断面図」，縦軸に年代，横軸に自然現象の変遷を示した「時空間ダイアグラム」，古地理の変遷をグラフィカルに示した「古地理図」の作成である．

地質・地形の断面図は，風景をつくる地質と地形のデータを統合化し図示したもので，地域の地質構造と地形の変遷を知る上で不可欠なデータである．地質・地形の断面図の作成のためには，対象地域の地質図と地形学図の作成が必要なことは言うまでもない．幌延地域の事例では，本地域が現在と同様の東西圧縮場のテクトニクスに置かれた270〜260万年以降の地質・地形の時空間変化を示すものとして，幌延地域とその西方海域を対象に250万年前，150万年前，50万年前，現在の4時期に分けた地質・地形の断面図が作成された（図8-5；太田ほか2007；新里ほか2007）．この時代区分は，東西圧縮による断層運動・褶曲運動，地層の陸化のタイミングを考慮して決定された．

時空間ダイアグラムは，対象地域の地質・地形・風景の成り立ちを時系列に沿って網羅的に記したものである．時空間ダイアグラムに盛り込まれる内容は，対象地域の置かれた「場」や対象とする時間・空間スケールによりさまざまである．幌延地域では，260万年前〜現在のもの（中山ほか2011）と最終間氷期（13万年前）〜現在のもの（中山ほか2010）が作成された．これらの時空間ダイアグラムには横軸に気候，古地理，堆積・削剥，テクトニクスという大項目が設けられ，さらにそれら各項目に関係する小項目が設けられている．小項目の内容は，二つのダイアグラムで異なる．たとえば，気候の小項目についてみると，260万年前〜現在のダイアグラムには海水準，古環境，古生物，気候条件が設けられ，最終間氷期〜現在までのダイアグラムには海水準，気候条件，永久凍土および周氷河環境，植生が設けられている．前者のダイアグラムからは，地質構造発達史にもとづく中〜大地形の変遷史が，後者のダイアグラムからは地形発達史にもとづく古地理・古環境の変遷史が読み取れるようになっている．

古地理図は，研究領域をまたぐ自然現象データを統合した結果を可視化したものである．古地理図があるとないとでは，地質・地形・風景の変遷史の理解度が大きく異なる．また，古地理図は，異なる領域の研究者間で地質・地形・風景の変遷史に関して共通認識を得るための強力なツールでもある．これらの点から

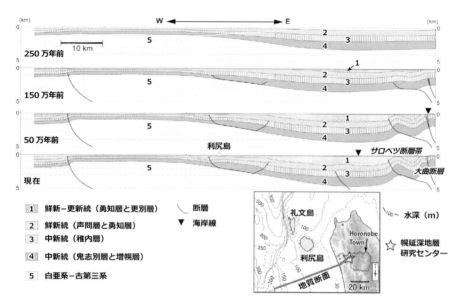

図 8-5 幌延地域とその西方海域における約250万年以降の復元された地質構造断面図（新里ほか 2007）．各断面における標高0 mは，それぞれの時期における海水準と同じ．250万年前には，幌延地域は海底にあり，声問層と勇知層が堆積していた．その後，東西圧縮による断層運動・褶曲運動が生じ，150万年前以降，東側から地層が陸化し，丘陵が形成された．

古地理図の作成は，地層処分技術の研究開発において重要な意味をもつと言える．幌延地域では，時空間スケールの異なる三種類の古地理図が作成された（図8-6）．一つは，260万年前～現在の幌延地域の地質構造及び中～大地形の変遷を俯瞰できる模式図である（図8-6A）．この図からは，260万年前以降，幌延地域では，(1) 断層・褶曲帯をなす地質構造が東から漸次西へ向かって成長したこと，(2) そうした断層・褶曲運動に伴い堆積域（沈降域）が東部から西部へ移動するとともに大地の陸化と丘陵の形成が進んだこと，(3) 現在，地殻変動が活発なのは幌延地域の西部であること，が読み取れる．残り二つの古地理図は，「約21万年前（海洋酸素同位体ステージ 7）から現在までの幌延地域の海陸分布の変遷図」（図8-6B）と「最終氷期の北海道の古植生分布と化石凍結割れ目（周氷河地形）の分布図」（図8-6C）であり，どちらも地形データや古環境データを地図に重ねたものである．図8-6Bからは，ユースタティックな海水準変動により，幌延地域で

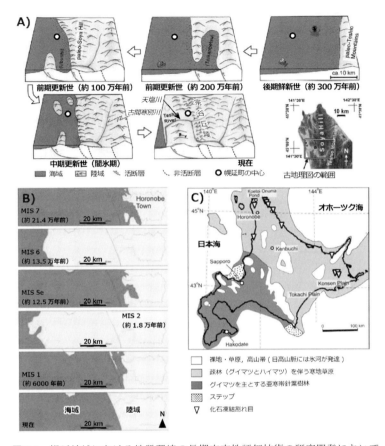

図 8-6 幌延地域における地質環境の長期安定性評価技術の研究開発において作成された古地理図．(A) 後期鮮新世から現在に至る幌延地域の古地理の変遷．新里ほか (2007) に加筆．(B) 海洋酸素同位体ステージ 7 から現在までの氷期・間氷期サイクルに伴う海陸分布の変遷．太田ほか (2007) に加筆．(C) 最終氷期における北海道の風景．太田ほか (2007) に加筆．原図は，五十嵐 (1991) と三浦・平川 (1995) をもとに作成された．MIS：海洋酸素同位体ステージ (Marine Isotope Stage)．

は海岸線の位置が大きく変化したこと，例えば，最終間氷期の海岸線は現在よりも 10〜20 km ほど内陸に入り込み，最終氷期の海岸線は現在よりも 60 km ほど海側に移動していたことが読み取れる．一方，図 8-6C からは，最終氷期に幌延地域周辺の大陸棚が広く陸化していたこと，そうした場に永久凍土が形成され，

グイマツ，ハイマツを主とする疎林と草原が広がっていたことが読み取れる．

3-3 地質学的概念モデルの作成

　地質学的概念モデルは，地質環境の長期的変遷を記述する際に重要と考えられる自然現象を整理し，まとめたものである．これは，統合自然地理学や地生態学の分野で作成される自然の仕組みを解説する模式図・概念図に相当する．地層処分技術の研究開発で作成される地質学的概念モデルの特徴は，「地下環境を含めて自然の仕組みを考えること」と「数万年以上の長期間の自然現象の変化を考慮すること」である．

　幌延地域を事例に作成された地質学的概念モデルを図8-7に示す．この図には，とくに地下水の流動状態に対して影響を及ぼすと考えられる自然現象が描かれている．また，過去の自然現象は将来も同じ様式で発生することを前提とした外挿法と類推法にもとづき，将来数十万年程度の期間を対象とした氷期における状況も描かれている．この概念モデルには，将来の氷期には，(1) 降水量の低下と永久凍土の発達により，地下水の涵養量が減ること，(2) 陸域の拡大で流出域が西の方に移動すること，(3) それらの結果，地下水のフラックスと流速が著しく低下すること，が示されている．

　地層処分技術の研究開発において地質学的概念モデルの果たす役割は大きい．なぜなら地層処分技術の研究開発では，自然現象の変化による地質環境の変化を数値解析（シミュレーション）によって定量的かつ空間的広がりをもって示す必要があり，数値解析の解析事例と解析条件は，地質学的概念モデルにもとづき設定されるためである．幌延地域を対象とした研究開発では，最終的に，地質学的概念モデルから解析ケースと解析条件が設定され，過去150万年間の地下水流動解析及び地下水塩分濃度の移流分散解析がおこなわれた（Niizato *et al.* 2011）．そして，その結果から，海水準や気候の変化に対して地下水流動特性（全水頭やダルシー流速）は比較的敏感に応答すること，その一方で地下水中の物質移動を間接的に示す塩分濃度の応答は鈍いことなどが確認された．

4　おわりに

　高レベル放射性廃棄物の地層処分では，数万年以上に及ぶ時間スケールを対象

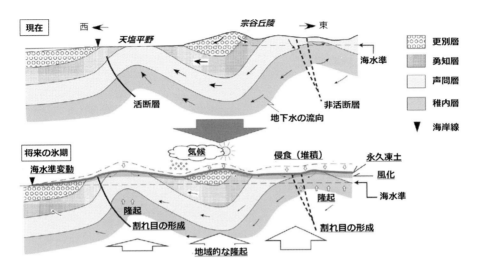

図 8-7 幌延地域を例に作成された地質学的概念モデル．新里ほか（2007）に加筆．幌延地域をほぼ東西に横断する断面模式図として作成されている．地質環境の長期変遷を記述する際に重要と考えられる自然現象に下線が引かれている．矢印は，地下水の流動方向を示し，その太さは流量，長さは流速を示す．地下水の流動方向と流量・流速は，繰上ほか（2005）による地下水流動解析結果にもとづく．

とした地質環境の安定性の評価が求められる．この安定性評価では，将来の自然現象の変化に伴って地下の地質環境がどの程度，変化するのかを把握しなくてはならない．この論文では，そのような安定性の評価において，統合自然地理学的な見方やアプローチが貢献できることを，幌延地域における研究開発事例を通して示した．

　地質環境の安定性評価と聞くと，われわれは地下にある岩盤の性質，地下水の通り道となる岩盤中の割れ目や断層の特徴を把握しておけばよいと思い，そうした課題は地質学・岩盤工学・水文地質学を専門とする研究者に任せれば良いと考えるかもしれない．しかし，数万年以上に及ぶ地質環境の安定性評価には，それだけでは不十分である．なぜなら，すでに述べてきたように，(1) 地球表層の相互に関係しうる複数の自然現象の変化が，地下の地質環境に影響を及ぼし，(2) 自然現象の変化に対する地質環境の応答性は，その成り立ちに起因する地域固有の「癖」をもつからである．つまり，数万年以上に及ぶ地質環境の評価では，対象地域の地質・地形・風景の変遷史を明らかにし，それらにもとづきその地域の

自然現象のもつ「癖」，言い換えれば，地下環境を含めた自然の仕組みの特性を理解することがまず必要なのである．地下環境を含めた自然の仕組みの理解には，自然現象の現れ方の時空間スケールを考慮しつつ，地震学，地質学，岩盤工学，水文地質学，自然地理学（地形学），第四紀学などの個別領域で必要なデータを収集し，それらが統合されなくてはならない．そのようなデータの収集と得られたデータの整理・統合のプロセスにおいて統合自然地理学が役立つのである．[注6]

数万年間に及ぶ地質環境の安定性の実証は不可能である．そのため長期的な地質環境の安定性は，シミュレーションの結果とともに[注7]，それを導くに至った考え方，用いた情報や知識，それらすべてを総合的に見て判断される必要がある．すでに述べてきたように統合自然地理学者ならば，長期的な地質環境の安定性評価において，自然現象データの収集，得られたデータの整理・統合にたずさわることができる．つまり，統合自然地理学者は，長期的な地質環境の安定性評価に係わる判断材料のほぼすべてを通しで把握することができるはずである．このことは，長期的な地質環境の安定性評価が不可欠となる地層処分地の選定において統合自然地理学者が貢献できることを意味する．地層処分において統合自然地理学者が果たす役割は極めて大きいと言えるだろう．

【謝辞】
本稿の作成にあたって，安江健一氏（富山大学），石丸恒存氏，中司 昇氏，笹尾英嗣氏（JAEA）から有益なコメントをいただいた．記して感謝します．

【注】
1) 人間による管理を必要としない放射性廃棄物の処分法には，地層処分，宇宙処分，海洋底処分，氷床処分の四つがある（原子力発電環境整備機構 2009）．しかし，これらの中で実現の可能性が高い方法は地層処分だけである．なぜなら，宇宙処分については放射性廃棄物を宇宙までもっていくための打ち上げ技術の信頼性に問題があり，海洋底処分については廃棄物等の海洋投棄を規制しているロンドン条約により禁止されており，氷床処分については氷床の特性等の解明が不十分であることと南極条約によって禁止されているからである．
2) 埋設深度については，特定放射性廃棄物の最終処分に関する法律（最終処分法）で地下300 mよりも深い地層に処分すると決められている（資源エネルギー庁 2017b）．
3) 天然バリアは，地下300 m以深の地下環境がもつ隔離機能である．地下環境に期待されるバリア機能には，(1) 地表面まで距離があること，(2) 還元状態であるため，腐食が地上と比べゆっくりと進むこと，(3) 動水勾配と透水係数が低いため，地下水流動が遅いこと，(4) 緩慢な地下水の動きと岩石に含まれる鉱物が放射性核種を吸着させることで，その移行が抑

制されること，(5) 岩盤中を地下水によって運搬される間に放射性核種が分散し，次第に希釈されること，が挙げられる（核燃料サイクル開発機構 1999）．
4) 地質環境は，「地下水の動水勾配」，「地下水の涵養量及び流動経路などの地下水流動状態」，「地下水の地球化学特性」，「地層中の物質移動特性」，およびそれらの「場」となる地質構造などを意味する（新里ほか 2007）．
5) 地層処分における「安定した地質環境」は，「変化しない地質環境」を意味するものではないことに注意されたい．地質環境を構成する岩盤や地下水の性質が多少変化しようとも，多重バリアからなる地層処分システムの機能が維持されるならば，その環境は十分に安定しているとみなせるからである（清水ほか 2004）．
6) 自然の仕組みを理解するためにおこなう自然現象データの整理と統合化は，得られたデータ（情報）を機械的に並べればできるわけではない．「具体的自然は多くの要素と多くの条件のもとに成立しており，そのありさまを理解するには普遍的原理と個別的性質ないし個別的条件の組合わせに対する興味と考察が必要」（貝塚 1982）なのである．自然現象データの整理と統合化のコツは，野外調査にもとづき自然の仕組みを解明するような研究を実際に経験することで初めて身に着けることができるのかもしれない．なぜなら，榧根（1993）に述べられているように「少なくとも地理的自然現象については，実在世界についての野外研究に深く沈潜した経験をもつことなしには，その総合もまた表面的なものとならざるをえない」からである．幌延地域を事例におこなわれた地質環境の長期変動評価における自然現象データの整理と統合化，つまり「時空間ダイアグラム」，「古地理図」，「地質学的概念モデル」の作成を担ったのが，幌延地域で野外調査を行なった地形・地質学者であったことは，この考えを裏付けるように思える．
7) シミュレーションの結果は，予想される自然現象の種類や，それに伴う不確実性に応じて複数ないしは幅をもって示される．つまり，シミュレーションが将来の真の姿を示すわけではない．そのため地質環境の安全性が，シミュレーションの結果によって一義的に判断されることはない（清水ほか 2004）．

【参照文献】

地質環境の長期安定性研究委員会　2011.『地質リーフレット 4．日本列島と地質環境の長期安定性』日本地質学会.

地層処分技術ワーキンググループ　2017.『地層処分に関する地域の科学的な特性の提示に係る要件・基準の検討結果（地層処分技術WGとりまとめ）』.http://www.meti.go.jp/press/2017/04/20170417001/20170417001-2.pdf（2017 年 6 月 11 日閲覧）

第四紀火山カタログ委員会　1999.『日本の第四紀火山カタログ（CD-ROM 及び付図）』日本火山学会.　1, CD-ROM.　1 sheet.

藤原 治・三箇智二・大森博雄　1999．日本列島における侵食速度の分布．サイクル機構技報 5:85-93.

藤原 治・柳田 誠・三箇智二　2004．日本列島の最近約 10 万年間の隆起速度の分布．月刊地球 26:442-447.

原子力発電環境整備機構　2009.『地層処分その安全性　改訂版』.http://www.numo.or.jp/pr-info/

pr/panf/pdf/all-anzensei.pdf（2017 年 6 月 11 日閲覧）
原子力発電環境整備機構　2016．「いま改めて考えよう地層処分」～科学的有望地の提示に向けて～．2016 年 5 月・6 月高レベル放射性廃棄物の最終処分　全国シンポジウム　説明用参考資料．http://chisoushobun.jp/pdf/pdf_material_20.pdf（2017 年 6 月 11 日閲覧）
五十嵐八枝子　1991．完新世の森林と気候の変化．小野有五・五十嵐八枝子『北海道の自然史』181-205．北海道大学図書刊行会．
岩田修二　2016．領域横断型研究としての自然地理学．科学 86:871-873．
岩田修二　2017．A1-4 自然地理現象の空間スケールと時間スケール．小池一之・山下脩二・岩田修二・漆原和子・小泉武栄・田瀬則雄・松倉公憲・松本 淳・山川修治編『自然地理学辞典』8-9．朝倉書店．
貝塚爽平　1982．自然史を読むということ．科学 52:769．
貝塚爽平　1989．大地の自然史ダイアグラム－地学現象の時間・空間スケール－．科学 59: 162-169．
貝塚爽平　1998．『発達史地形学』東京大学出版会．
核燃料サイクル開発機構　1999．わが国における高レベル放射性廃棄物地層処分の技術的信頼性―地層処分研究開発第二次取りまとめ―総論レポートおよび分冊 1, 2, 3. http://www.jnc.go.jp/kaihatsu/tisou/2matome/index.html（2017 年 6 月 11 日閲覧）
活断層研究会編　1991．『新編日本の活断層―分布図と資料―』東京大学出版会．
榧根 勇　1993．自然地理学の存在理由をめぐって．地理学評論 66A:735-750．
繰上広志・竹内竜史・瀬尾昭治・今井 久・塩崎 功・下茂道人・熊本 創　2005．幌延堆積岩中の割れ目帯を考慮した地下水流動解析．日本地下水学会 2005 年秋季講演会講演要旨 100-105．
草野友宏・浅森浩一・黒澤英樹・國分陽子・谷川晋一・根木健之・花室孝広・安江健一・山崎誠子・山田国見・石丸恒存・梅田浩司　2010．「地質環境の長期安定性に関する研究」第 1 期中期計画期間（平成 17 年度～平成 21 年度）報告書（H22 レポート）．JAEA-Research 2010-44．
三浦英樹・平川一臣　1995．北海道北・東部における化石凍結割れ目構造の起源．地学雑誌 104: 189-224．
中田 高・今泉俊文編　2002．『活断層詳細デジタルマップ』東京大学出版会．
中山 雅・佐野満昭・真田祐幸・杉田 裕編　2010．幌延深地層研究計画平成 21 年度調査研究成果報告．JAEA-Review 2010-039．
中山 雅・澤田純之・杉田 裕編　2011．幌延深地層研究計画平成 22 年度調査研究成果報告．JAEA-Review 2011-033．
新里忠史・安江健一　2005．幌延地域における地質環境の長期安定性に関する研究―長期安定性の評価・予測における地域特性の考慮―．原子力バックエンド研究 11: 125-138．
新里忠史・舟木泰智・安江健一　2007．北海道北部，幌延地域における後期鮮新世以降の古地理と地質構造発達史．地質学雑誌 113 補遺 : 119-135．
Niizato, T., Imai, H., Maekawa, K., Yasue, K., Kurikami, H., Shiozaki, I., Yamashita, R. 2011. Development of a methodology for the characterization of long-term geosphere evolution (1) impacts of natural events and processes on the geosphere evolution of coastal setting, in the case of Horonobe area. in *Proceedings of 19th International Conference on Nuclear Engineering* (ICONE-19).

太田久仁雄・阿部寛信・山口雄大・國丸貴紀・石井英一・繰上広志・戸村豪治・柴野一則・濱 克宏・松井裕哉・新里忠史・高橋一晴・丹生屋純夫・大原英史・浅森浩一・森岡宏之・舟木 泰智・茂田直孝・福島龍朗 2007．幌延深地層研究計画における地上からの調査研究段階（第1段階）研究成果報告書分冊「深地層の科学的研究」．JAEA-Research 2007-044．

資源エネルギー庁 2017a．『諸外国における高レベル放射性廃棄物の処分について 2017年版』．経済産業省 資源エネルギー庁．

資源エネルギー庁 2017b．高レベル放射性廃棄物．http://www.enecho.meti.go.jp/category/electricity_and_gas/nuclear/rw/hlw/hlw01.html（2017年9月11日閲覧）

清水和彦・石丸恒存・前川恵輔 2004．高レベル放射性廃棄物の地層処分技術に関する研究開発の展開．土木学会論文集 62: 1-20．

田中和弘 2011．地質環境の将来予測は可能か？―重要構造物の立地選定や安全な設計に向けて．電力土木 351:8-13．

矢野 昭・田中明子・高橋正樹・大久保泰邦・笹田政克・梅田浩司・中司 昇 1999．『日本列島地温勾配図（1:3,000,000）』地質調査所．

吉田英一 2012．『地層処分―脱原発後に残される科学課題―』近未来社．

……………………………………………………………………………………

《考えてみよう》

放射性廃棄物の地層処分の場所が決まったのは，世界でもフィンランドとスウェーデンだけである．なぜなのか，その理由を考えよう．

小松 哲也（こまつ＝てつや） 国立研究開発法人日本原子力研究開発機構職員 1981年東京都生まれ．早稲田大学教育学部・東京都立大学大学院理学研究科・北海道大学大学院環境科学院で自然地理学（地形学）を学ぶ．環境科学博士．卒業研究のため山登りをするようになり，高山帯の風景に心を奪われた．高山帯の風景の成り立ちを知りたいと思ったのが統合自然地理学との出会い．統合自然地理学に関心をもち続けられたのは，白馬岳，上高地，十勝，クンブ＝ヒマラヤ，パミールでの実習やフィールドワークを通して自然の見方とその面白さを学んだことが大きいと思う．

Column 3
地層処分に関する「科学的特性マップ」

岩田 修二

　第 8 章の小松論文は，放射性廃棄物の地層処分技術の研究開発に統合自然地理学の方法が重要であることを指摘した．その指摘のとおり，世界的にみても著しく活動的な変動帯であり，人口密度が高い日本列島での地層処分は多くの問題を含んでおり，構造地質学，岩盤工学，水文地質学などの狭い技術的分野での研究だけでは不十分なことは明らかである．

　しかし，地層処分の研究開発を考える前に，われわれは，地層処分が抱えている政治性（たとえば寿楽 2017）に注目しなければならない．第 8 章の著者・小松哲也さんは日本原子力研究開発機構の職員であるから，この点については触れられない立場にある．そこで，責任編者としての意見をのべる．

　原子力発電所を稼働させれば，使用済み核燃料が排出されるので，現在，わが国には大量の使用済み核燃料が貯蔵されている．国はこれらを再処理して再利用する計画であるが，再処理が順調におこなわれるようになったとしても，一定量の廃棄物（高レベル放射性廃棄物 HLW）が排出され続ける．その廃棄物の処分方法が，いまだに検討段階にあり，処分場が建設可能かどうかも不明な現状では「地層処分そのものも白紙に戻して再考するというような大きなゆり戻しが起きている」（安 2013）という意見もある．そのような状況の中で，2013 年 9 月にフィンランドの核廃棄物地層処分研究施設を見学した小泉純一郎元首相が「日本では地層処分が不可能だから脱原発を目指すべき」と主張した．一方，2013 年 12 月に政府は，「最終処分関係閣僚会議」を設置・開催した．これは，小泉元首相の発言によって高まった「原発ゼロ」に危機感を感じた政府が，地層処分候補地選定を加速するように動いたと解釈されている（原子力市民委員会核廃棄物管理・処分部会 2017；寿楽 2017）．このような動きをみると，現状では，地層処分研究の推進は，原子力発電の推進に荷担することになる．「原発廃止（即刻廃止または計画的廃止）や再稼働反対を求める人びとにとって，最終処分推進に協力する

ことは，原子力発電を円滑な推進への協力に直結してしまう」（原子力市民委員会委員会核廃棄物管理・処分部会 2017）という意見に賛成する．このコラムの著者岩田は「即時原発廃止」に賛成である．

ところで，原発が即刻廃止されたとしても，現在，各原発や六ヶ所再処理工場に大量に貯蔵されている，これまでの発電で排出された使用済み核燃料を処理・処分せざるを得ないという問題が残る．したがって地層処分の研究は脱原発に変わったとしても続ける必要がある．とくに日本列島内で地層処分が可能なのか，不可能なのかを早急に見極める必要がある．核燃料サイクル開発機構（1999）の通称「第 2 次取りまとめ」では地層処分は可能であるとの見通しが出ているが，多くの批判がある（藤村ほか 2000，2001 など）．この問題に決着を付けるには，小松哲也さんが説明したような統合自然地理学の方法による学界をあげての研究が必要になる．

2017 年 9 月 28 日に経済産業省は地層処分に関する「科学的特性マップ」を公表した（コラム図 3-1）．日本列島を地層処分の「適地」と「不適地」に区分した地図である．ここで「適地」としたのは「特性マップ」で「好ましい特性が確認できる可能性が相対的に高い地域」というもってまわった表現の地域である．何のことかよくわからなかったが，「今後，詳細な調査を行うことにより，適性が確認できる可能性が相対的に高いと現時点で考えられる地域」という意味であることを小松さんから教わった．しかし，こんなあいまいな表現では学生レポートでも及第点はもらえないだろう．

資源エネルギー庁の HP には，「地層処分技術ワーキンググループとりまとめ」（地層処分技術 WG 2017）を地図化したものであると書かれている．地層処分技術 WG は，経済産業省の審議会のひとつである総合資源エネルギー調査会に属している．

この地図で不適地とされたのは，火山地域，活断層沿い，顕著な隆起地域，地熱地帯，熱水・高酸性地下水地帯，高深度未固結堆積物域のほかに，地下資源開発（掘削）の可能性がある地域である．それ以外は「適地」とされ，とくに海岸から 20 km までのゾーンは海上輸送の観点から最適地として区別されている（コラム図 3-1）．この地図の区分は一見してわかるように単純である．社会科地図帳を使って高校生でも作れそうな地図にみえる．「WG とりまとめ」には，地形

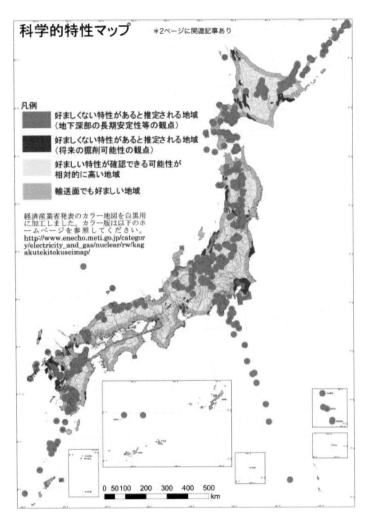

コラム図 3-1　高レベル放射性廃棄物の地層処分に関わる科学的特性マップ．原子力資料情報室の情報による http://www.cnic.jp/7660．オリジナルのカラーの図は http://www.enecho.meti.go.jp/category/electricity_and_gas/nuclear/rw/kagakutekitokuseimap/index.html を参照されたい．

が緩やかで地質構造も単純な場所が望ましい．海岸部でも標高 1,500 m 以上の場所は除く，という記述がくりかえしあるが，これらは，この地図には反映されていないようにみえる．タイトルの「科学的特性」を表現した地図からはほど遠い

という印象を受けた．地層処分場の候補地選定を加速するために，なりふり構わずに作った地図としか考えられない．ここには，小松哲也さんが強調した領域俯瞰型の考え方はほとんど生かされていないと思われる．

ところで，この地図の基になった「WGとりまとめ」そのものに多くの問題がある．たとえば，姶良カルデラのような巨大カルデラから噴出する（南九州全体を覆うような）大規模火砕流の影響がまったく考慮されていない，長さ10 km以下の活断層は無視されている，地下水流動に関する評価がほとんどない，地震や津波に対する考え方が楽観的すぎる，などが挙げられる．

地層処分は，最低でも数万年間（10万年を超える場合も考えられる）は地下の廃棄物を安定した状態に保たねばならない．関係する地理学的・地球科学的現象も多様である．自然地理研究者や第四紀学研究者が関わって，対象地域の住民や国民全体にとっての最良の選択をしなければ，将来に大きな禍根を残すことになりかねない．

ところで，現実には，今後の処分場選定調査がどう進むのだろうか．ここからは想像になるが，選定をおこなうNUMO（原子力発電環境整備機構）は，調査会社（コンサルタンツ）に調査を依頼するのはまちがいない．その場合，処分地選定が適切に行われるためには，最低限，以下の3点が重要である．

(1) 調査会社に統合自然地理学の視点をもった研究者・技術者がいること．そのような視点での結果の取りまとめ（自然史ダイアグラムと地質学的概念モデルの作成）がおこなわれること．
(2) コンサルから出てくる膨大な地形・地質・地球化学・地球物理データをNUMOが整理し判定できることが必須である．そのためには，コンサルによる現場調査に同行し対象地域の諸現象と調査実態をくわしく知ることが欠かせない．
(3) 結果をチェックする規制庁や在野の研究者も，個個のデータの信頼性の検討だけではなく，それらの統合が適切におこなわれているかを評価することが重要になる．見栄えの良いシミュレーションにごまかされずに，そのパラメータや条件設定に地史や地質学的概念モデルがきちんと構築されているかを評価しなければならない．そのためには，NUMO（の依頼による調査会社）が調査を行ったフィールドを歩いて検証する必要がある．

科学的特性マップ以後の調査・研究にこそ，統合自然地理学の視点が必要になる．地層処分に関心をもつすべての人びとに統合自然地理学の視点を学んでほしい．

【引用・参照文献】
安 俊弘　2013．高レベル放射性廃棄物地層処分：概念発達史と今日の課題．科学 83: 1152-1163.
地層処分技術 WG（総合資源エネルギー調査会，電力・ガス事業分科会，原子力小委員会）2017．「地層処分に関する地域の科学的な特性の提示に係る要件・基準の検討結果（地層処分技術 WG とりまとめ））資源エネルギー庁．http://www.menti.go.jp/press/2017/04/20170417001/20170417001-2.pdf（2017 年 11 月 20 日閲覧）．
藤村 陽・石橋克彦・高木仁三郎　2000．高レベル放射性廃棄物の地層処分はできるか (1) 変動帯日本の本質．科学 70：1064-1072.
藤村 陽・石橋克彦・高木仁三郎　2001．高レベル放射性廃棄物の地層処分はできるか (2) 安全性は保証されてはいない．科学 71：264-274.
原子力市民委員会核廃棄物管理・処分部会　2017．『高レベル放射性廃棄物問題への対処の手引き』原子力市民委員会．http://www.ccnejapan.com/?p=7666（2017 年 11 月 20 日閲覧）．
寿楽浩太　2017．日本の高レベル放射性廃棄物処分政策が抱え込む根源的課題―政府による「科学的特性マップ」の提示を受けて．科学 87，1010-1018.
核燃料サイクル開発機構　1999．わが国における高レベル放射性廃棄物地層処分の技術的信頼性―地層処分研究開発第二次取りまとめ―総論レポートおよび分冊 1, 2, 3. http://www.jnc.go.jp/kaihatsu/tisou/2matome/index.html（2017 年 12 月 02 日閲覧）．

第9章　液状化被害と統合自然地理学

青山　雅史

> 日本列島は多様な自然災害が発生しやすい地理的位置にあり、地震、火山噴火、水害などにより、甚大な被害が発生している。近年発生した液状化発生地点の土地条件、液状化被害の実態とハザードマップとの関係などに関する調査研究事例から、地域の防災・減災には土地の履歴の理解が必要であり、そのためには、さまざまな観点から地域を分析し、地域を統合的に理解することが重要である。

キーワード：液状化，土地履歴，人為的土地改変，ハザードマップ

1　近年の液状化被害と土地条件，土地の履歴，ハザードマップ

　2011年東北地方太平洋沖地震（以下，東北沖地震）によって，関東地方と東北地方の多数の地点において地盤の液状化が発生した．東北沖地震における液状化により，戸建家屋の沈下・傾斜（不同沈下），建物の抜け上がり（建物周囲地盤の沈下），堤防の沈下・損傷，マンホール等地下埋設物の浮き上がり，農地における多量の噴砂堆積などの甚大な被害が多くの地点において発生した．2016年熊本地震（以下，熊本地震）においても多くの地点で液状化が発生し，同様の液状化被害が多数発生した．

　液状化予測をおこなうためには，まず液状化がどこで発生したかその分布を明らかにしたうえで，液状化がどのような条件を有する地点で発生したかを評価する必要がある．また，液状化は同じ地点で再発生（再液状化）しやすいことが知られている（Yasuda and Tohno 1988; 若松 2012）ため，液状化分布を明らかにす

ることは，その地域における液状化予測をおこなう際の重要な資料となる．著者は，東北沖地震と熊本地震における液状化発生域の分布，土地条件や土地履歴などを明らかにするため，徒歩や自転車による詳細な現地踏査を広域にわたり実施し，GIS を用いた解析をおこなった．東北沖地震では，岩手県から千葉県にかけての東北・関東地方太平洋側の広範囲において現地踏査を実施した．熊本地震では，熊本平野の広範囲において現地踏査をおこなった．

それらの調査結果を踏まえ，東北沖地震や熊本地震における液状化発生の実態と液状化ハザードマップとの関係を検討した結果，旧河道，旧湖沼や採掘跡地など液状化しやすい土地条件に関する情報の蓄積が不十分であったり，それらに関する情報がハザードマップ作成の過程において適切に反映されなかったりしたことなどから，液状化発生の実態がハザードマップの予測と異なっていた事例が複数みられた．

本章では，それらの具体的研究事例を述べ，液状化ハザードマップの作成など液状化発生危険度を評価する際には，シームレスに地域の成り立ち，土地の履歴を理解する「統合自然地理学」的視点が必要であることを示す．

2　利根川下流低地の液状化発生地点の土地履歴と土地条件

利根川下流低地は，東北沖地震において甚大な液状化被害が発生した領域の一つである．ここでは，利根川下流域の千葉県香取市と茨城県稲敷市において，どのような土地条件，土地履歴を有する領域で液状化が発生したか，みていきたい．

利根川左岸の稲敷市結佐から香取市石納にかけては，液状化発生域が弧を描くように帯状に細長くのびている（図 9-1A の①）．この領域では，水田上において多量の噴砂の堆積が認められた．また，戸建家屋や電柱，ブロック塀など構造物の沈下・傾斜，建物周辺地盤の沈下にともなう建物の抜け上がり，液状化に起因すると思われる地盤変状にともなう道路の亀裂，水路の変形や護岸壁の損壊，利根川現河道沿い堤防天端やのり面における縦断亀裂などが多数生じた．この液状化域は，1907（明治 40）年度から 1930（昭和 5）年度にかけての第二期利根川改修工事がおこなわれるまでの利根川旧河道（大熊 1981）や，この旧河道沿いの旧湿地に該当する（図 9-1B，C）．この河川改修により現在の直線的な河道に付け替えられた後，旧河道には三日月状の河跡湖が存在していたが，1953 〜

第 9 章　液状化被害と統合自然地理学　129

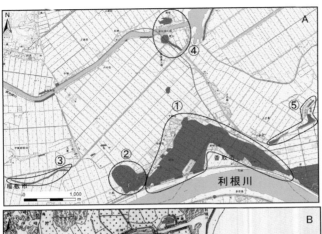

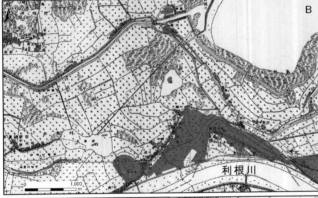

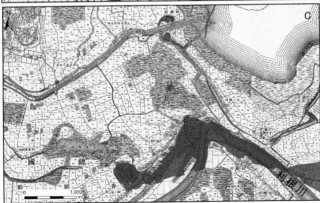

■ 液状化発生域

図 9-1　利根川下流低地（茨城県稲敷市，千葉県香取市）における東北地方太平洋沖地震液状化発生域①〜⑤の土地履歴．液状化発生域を新旧地形図に重ね合わせた．
A：地理院地図，
B：1929（昭和 4）年測図 1：25,000 地形図「佐原」，1952（昭和 27）年測量 1：25,000 地形図「麻生」，
C：1885（明治 18）年測量 1：20,000 迅速測図「浮嶋村」．

1954（昭和28〜29）年にかけて利根川の浚渫土砂を用いて埋め立てられた（佐原市役所 1966）．

　その西隣の六角では，噴砂・噴水，戸建家屋やブロック塀等の不同沈下，建築物周辺地盤の沈下に伴う抜け上がり（約50 cm），電柱の沈下・傾斜，マンホールや地下埋設管の浮き上がり（約30 cm），道路の波状変形・破断・陥没などの液状化被害が集中的に多数生じていた（図9-1Aの②）．この液状化域は，かつて存在していた湖沼（グル川）が利根川の浚渫土砂を用いて1950年代に埋め立てられた旧湖沼（新利根川土地改良区50年史編集委員会 2003）である（図9-1B, C）．手賀組新田南部の水路沿いの水田では，東西方向に帯状に細長くのびる領域（図9-1Aの③）において噴砂（噴水）が生じていた．この液状化域は，かつて存在した小河川（戸指川）が1959（昭和34）年〜1961（昭和36）年に埋め立てられた旧河道（新利根川土地改良区50年史編集委員会 2003）と領域的に一致する（図9-1B, C）．押堀や新川（図9-1Aの④），役前（図9-1Aの⑤）などの地区においても，噴砂，建築物や電柱の沈下・傾斜，家屋地盤の沈下・変形，道路の波状変形，水路護岸の損壊などが生じた．これらの液状化域も，過去の小河川（水路）を埋め立てた旧河道に位置している（図9-1B, C）．

　このように，東北沖地震における利根川下流低地の液状化の多くは，過去に存在していた河道や湖沼が明治期以降の比較的新しい時期に埋め立てられた領域において発生した（小荒井ほか 2011; 青山ほか 2014）．埋め立ては利根川の浚渫砂が多く用いられ，埋め立てで地盤表層部に堆積していた緩詰めの浚渫砂が液状化したと考えられる．千葉県我孫子市から香取市にかけての利根川下流低地における土地条件ごとの液状化発生面積率（各土地条件の面積に対するその土地条件内で発生した液状化面積の割合）をみると，旧河道・旧湖沼が約23％ともっとも高い値を示した．この値は，過去に液状化が多発した1995年兵庫県南部地震の埋立地や1964年新潟地震の旧河道などにおける液状化発生面積率と同等の値であり，旧河道・旧湖沼が液状化しやすい土地条件であることが改めて示された．明治期以降の旧河道・旧湖沼は，迅速測図，旧版地形図や空中写真などからその存在を知ることができる（小荒井ほか 2011; 青山 2017）ため，それらを用いて土地の履歴を把握しておくことは地域の防災・減災を考えるうえで大事なことである．

3　砂利採取場跡地における液状化発生と液状化発生地点の土地条件の再検討

　東北沖地震では，内陸部では旧河道・旧湖沼以外にも，砂利や砂鉄などの採掘地を埋め戻した領域においても液状化が多発した．茨城県南東部の神栖市と鹿嶋市では多くの領域で液状化が発生したが，液状化発生域の土地条件の多くは，臨海部や旧湖沼の埋立地，干拓地上の盛土地などに加え，かつて砂利の採取がおこなわれていた領域を埋め戻した砂利採取場跡地であった．ここでは，神栖市と鹿嶋市の液状化発生域と砂利採取場跡地分布との関係をみていく．

　本地域は鹿島臨海工業地域が開発される以前は大規模な砂丘地帯であった．本地域の土地条件別面積比をみると，砂州・砂丘が 30.7％ ともっとも多くの面積を占める．1960 年代以降，この砂丘地帯で大規模な土地改変がおこなわれ工業地域が造成されたので，砂州・砂丘に次いで切土地が 14.7％ の面積を占める．この地域には，砂利を多く含んだ息栖層とよばれる砂礫層が分布し，高度経済成長期に建設骨材として砂の需要が高まったことなどによって，1960 年代後半以降この地域の多くの領域で砂利採取がおこなわれた．しかし，過去の砂利採取場の詳細な分布を示す資料は少ないため，空中写真判読や過去の住宅地図などに基づいて，砂利採取場跡地の分布を明らかにした．

　本地域における 1969 年以降の砂利採取場分布の時系列変化を図 9-2 に，その中

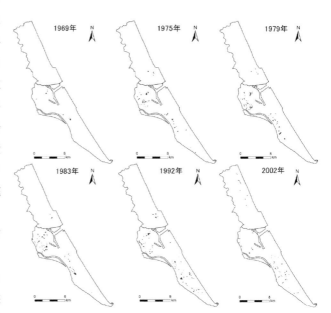

図 9-2　神栖市, 鹿嶋市における砂利採取場分布の時系列変化(1969〜2002 年). 青山・小山（2017）を引用, 改変.

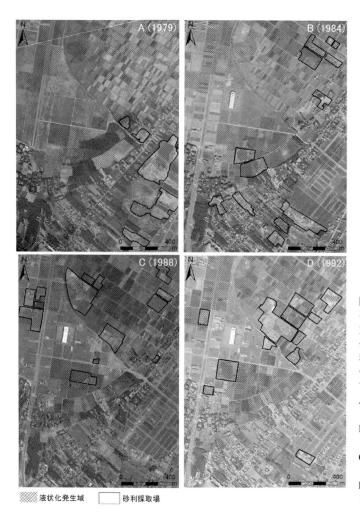

図 9-3 神栖市深芝，平泉における東北地方太平洋沖地震液状化発生域と過去の砂利採取場分布との関係（空中写真はすべて国土地理院撮影）.
A：1979 年撮影（CKT79 5-C7-30），
B：1984 年撮影（CKT84 5-C7D-10），
C：1988 年撮影（KT88 1X-C23-10），
D：1992 年撮影（CKT92 1X-C17-8）.

の神栖市平泉地区，深芝地区の 1979 年以降の砂利採取場分布の時系列変化を図 9-3 に示す．砂利採取場の造成から埋め戻しが完了するまでの期間は多くの場合数年から十数年程度であり，砂利採取場の位置や分布は時系列で細かく変化していく．したがって，過去の砂利採取場の分布は単一時期の地図や空中写真からすべてを抽出することはできず，可能な限り多くの時期の地理空間情報を参照する必要がある．1969 年には 18.6 ha であった砂利採取場面積は分布域の拡散にとも

ない次第に増加し，1992年には142.7 haとなって砂利採取場面積はこの時期にもっとも拡大していた．砂利採取場跡地の合計面積は827.9 haであり，本地域におけるその土地条件別面積比は3.7％を占める．

液状化発生域と土地条件のデータをGIS上で重ね合わせて，液状化発生域の土地条件を検討した結果，液状化発生域の土地条件別面積構成比（調査地域全域での液状化発生域の面積に対する土地条件ごとの液状化面積の比率）は，砂利採取場跡地において45.1％ともっとも大きい値を示した．それに次いで，砂州・砂丘（23.6％），盛土地（12.2％），海岸平野・三角州（6.7％），旧河道・旧湖沼（6.2％）などでの発生が目立った．調査地域の土地条件ごとの液状化発生面積率をみると，砂利採取場跡地における液状化発生面積率が28.4％ともっとも大きい値を示した．それに次いで，盛土地が7.1％，旧河道・旧湖沼が4.4％などとなり，その他の土地条件における値は3％未満であった．これらのことから，本地域では砂利採取場跡地において液状化がもっとも多く発生し，液状化発生面積率が高く液状化しやすかったことが明らかとなった．神栖市平泉地区，深芝地区では，1970年代以降砂利採取が盛んに行われ，それ以降のさまざまな年代に造成され埋め戻された砂利採取場跡地が多数分布している（図9-3）．本地域の液状化の多くは，それらの砂利採取場跡地で発生した．

本調査地域の砂利採取場跡地の多くは，砂利採取場造成以前の土地条件としては砂州・砂丘に該当する．これまでの液状化危険度評価基準においては，砂丘は液状化の可能性が小さいとされてきた（国土庁防災局震災対策課1999；国土地理院2007）．本地域の砂州・砂丘における液状化発生面積率は1.8％と砂利採取場跡地における値よりも明らかに小さい値を示す．また，砂利採取場跡地における表層地質と液状化との関係を検討したところ，埋め戻しにより表層に緩詰めの砂質土が堆積している地点において液状化が多発している傾向がみられた（青山・小山2017）．これらのことから，本地域における液状化の多発には，砂利採取場における砂質土による埋め戻しといった人為的土地改変が強く影響していると考えられる．

4 熊本地震における液状化発生地点の土地履歴と土地条件

熊本地震の発生により，熊本平野では多数の地点で液状化が発生した（図

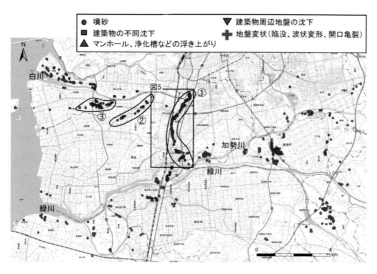

図 9-4 熊本地震による熊本平野の液状化発生地域の分布.

9-4).熊本平野における液状化発生地点の土地条件をみると,自然堤防,旧河道や盛土地などにおいて相対的に多く発生したのに対し,面積的には高い割合を占める氾濫平野や海岸平野・三角州における発生は相対的に少なかった.また,緑川中流域においては,前述のような砂利採取場跡地において液状化が多発した地区があった.

白川下流域左岸においては,自然堤防上の帯状に細長い領域において液状化が多発した領域が複数みられた(図9-4の①〜③).熊本市南区の近見から元三町にかけて南北にのびる自然堤防上においては,長さ数km,幅100 m以内の帯状の領域において液状化が発生した(図9-4の①,図9-5).この液状化発生域は「液状化の帯」として報道され,多数の戸建家屋が沈下・傾斜して甚大な液状化被害が生じた.この「液状化の帯」は,自然堤防の中の幅100 m以内の領域に限定されているといった液状化発生域の地形的位置や分布形態から,かつての白川河道または水路などが埋め立てられた領域(旧河道,旧水路)に該当する可能性がある.しかし,明治期以降に作成された旧版地形図には,「液状化の帯」と領域的に合致する河川や水路の存在は認められない.また,江戸期に作成された絵図や伊能図には,白川河道は現在の流路とほぼ同じ位置に描かれており,「液状化の帯」に該当する領域には河川や水路などの存在は描画されていない.その一方,加勢

図 9-5　熊本市南区近見から元三町にかけての液状化発生地点（「液状化の帯」）の土地条件と明治後期の状況．
A：国土地理院地図（数値地図 25000（土地条件）），
B：1901（明治 34）年測図 1:20,000 地形図「川尻」．

川を挟んで元三町の対岸（野田）に位置する大慈寺には，この寺院付近で白川と緑川が合流していたことを記した 13 世紀後期の文書（大慈寺文書）が存在する．これらのことから，「液状化の帯」には 14 〜 16 世紀頃まで白川が流下しており，その河道沿いには自然堤防が発達し，その後白川河道は変化して，江戸期には現河道とほぼ同じ位置にあった可能性が考えられる．既往地震において旧河道で発生した液状化は，利根川下流低地における事例のように明治期以降に埋め立てられた旧河道での発生がほとんどであり，明治期より古い時期に陸域化した旧河道での発生事例は少ない．このことから，既に河道位置が変化・消失していた江戸期以降，この「液状化の帯」において白川旧河道の埋め立てや水路等の造成・埋め戻しなどの土木工事がおこなわれていなかったか，その履歴（土木史）を明らかにする必要がある．

　白川左岸の，この「液状化の帯」よりも下流側の土河原町から砂原町，孫代町にかけての自然堤防（図 9-4 の②）や，中原町, 中島町などの自然堤防, 氾濫平野（図 9-4 の③）においても，液状化発生地点が帯状に細長い領域内に断続的に出現した．これらの帯状の液状化発生域は，治水地形分類図においては旧河道とされている領域もあり，江戸期の絵図において小規模な河川または水路として描画されてい

る領域と概ね合致する．したがって，これらの帯状の液状化発生域も，かつての河道または水路を埋め立てた（埋め戻した）領域に該当する可能性がある．

　白川下流域の河道変遷，地形発達や表層地盤に関する情報は，現時点において不十分であることから，今後，地形・地質的調査，絵図や文書資料などの精査など，まさに統合自然地理的な視点に基づいた調査・研究を進め，白川の河道変遷とそれに伴う地形発達や表層地盤の形成などに関する情報を蓄積していく必要があろう．

5　液状化危険度評価における統合自然地理的視点の重要性

　東北沖地震と熊本地震の液状化発生地点の土地条件と土地履歴について，いくつかの事例をみてきたが，次に，それらの地震における液状化発生の実態と液状化ハザードマップとの関係について，みていくことにする．

　利根川下流低地の千葉県我孫子市布佐地区は，前述の利根川下流低地の事例と同様に，東北沖地震において甚大な液状化被害が発生した地区の一つである．液状化は，布佐地区の広域にわたって発生したわけではなく，いくつかの限定された領域において集中的に発生した（図9-6）．それらの領域では，戸建家屋の不同沈下や電柱，ブロック塀の沈下など，甚大な液状化被害が生じた．GISを用いて液状化発生地点を昭和初期に作成された旧版地形図に重ね合わせてみると，布佐地区における液状化は，かつて存在した小規模な湖沼（押堀）が埋め立てられた領域において集中的に発生していたことが明らかとなった（図9-6）．これらのかつて存在した湖沼のうち，切れ所沼（図9-6B）は長さ約450 m，幅約100 mの細長い湖沼であり，1870（明治3）年の利根川洪水により堤防が決壊して形成された押堀起源の湖沼である（中尾 1981；我孫子市史編集委員会近現代部会 2004）．切れ所沼は，1952（昭和27）年に利根川の浚渫土砂で埋め立てられ，宅地化が進行した．

　我孫子市では，東日本大震災以前から，市全域の液状化の可能性を4段階に区分して縮尺5万分の1の地図で示した「液状化危険度マップ」が作成されていた（我孫子市 2010）．この液状化危険度マップに東北沖地震における液状化発生地点を重ね合わせてみると，前述の液状化被害が集中した領域は「液状化危険度が高い」と「対象外（危険度がほとんどない）」とされていた領域にまたがっており，「対

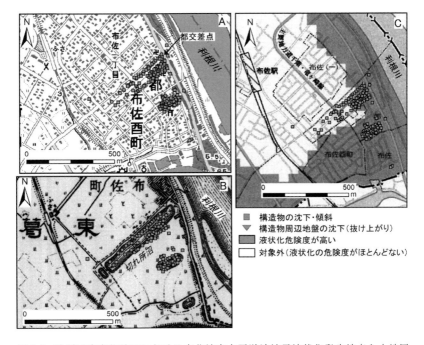

図 9-6　我孫子市布佐地区における東北地方太平洋沖地震液状化発生地点と土地履歴，液状化危険度マップとの関係．液状化発生地点を新旧地形図，液状化危険度マップに重ね合わせた．A：平成 18 年更新 1：25000 地形図「龍ヶ崎」（数値地図 25000 地図画像），B：1928（昭和 3）年測図 1：25,000 地形図「龍ヶ崎」，C：液状化危険度マップ（我孫子市 2010）．青山ほか（2014），宇根ほか（2015）を引用，改変．

象外（危険度がほとんどない）」とされていた領域においても多くの液状化被害が生じたのである（図 9-6C）．したがって，液状化危険度マップはこの地区における液状化危険度を適切に評価・予測できたとは言い難い．この原因の一つとして，液状化危険度マップ作成過程において，旧湖沼の存在が示されていない地形分類図を用いて微地形区分データが作成され，それに基づいた液状化危険度評価がなされ，結果的に液状化危険度の高い旧湖沼の存在が液状化危険度評価に反映されなかったことがあげられる（宇根ほか 2015）．前述のように，明治期以降に陸域化した旧河道・旧湖沼は，迅速測図，旧版地形図や空中写真などからその存在を把握できる場合が多い．ハザードマップのように，地域の災害危険度を面的に評価・予測する際には，土地の履歴を多角的に検討し，理解することが重要で

あることを示している．

　東北沖地震や熊本地震では砂利採取場跡地においても液状化が多発したが，前述のように，かつての砂利採取場分布に関する資料は少なく，個個の砂利採取場の面積は小さいものが多いこと，造成から埋め戻しまでの期間は数年程度のものも多いことなどから，旧版地形図，地形分類図や単一時期の空中写真からすべての砂利採取場跡地の存在を把握することは困難である．東北沖地震における液状化発生地点の土地条件について再検討したところ，既存の報告では後背湿地（氾濫平野）や自然堤防など自然地盤における液状化発生とみなされていた複数の地点において，砂利採取履歴を有することが確認された．また，日本列島の沖積低地では，かつて盛んに砂利採取がおこなわれていた流域が多数存在し，砂利採取履歴を有する領域は多数分布している．これらのことは，液状化危険度を評価，予測する際には，高い空間分解能での地形や表層地盤に関する情報の収集・分析のみならず，高い時間分解能での土地の履歴の把握が重要であることを示す．また，液状化危険度の高い採掘跡地の存在が十分に抽出されておらず，液状化危険度が過小評価されている領域が潜在的にひろく存在している可能性がある．神栖市では，震災後に砂利採取場跡地の存在を反映した液状化ハザードマップが作成された（神栖市 2014）．

　熊本地震における熊本平野の液状化の実態と熊本市液状化ハザードマップ（熊本市危機管理防災総室 2014）に図示されている液状化危険度とを比較すると，液状化は，液状化の可能性が相対的にもっとも高いカテゴリーである「極めて高い（上）」とされていた領域よりも，相対的に一つ低いカテゴリーである「極めて高い（下）」とされていた領域において多く発生した傾向がみられた．前述の「液状化の帯」も，「極めて高い（下）」とされていた領域に属する．このハザードマップの液状化危険度は地形区分とボーリング調査結果から判定したものであるが，熊本地震の事例は，地形区分と限定されたボーリングデータから液状化危険度を面的に評価することの難しさを示している．また，「液状化の帯」は地形区分としては自然堤防とされているが，前述のようにこの領域には白川旧河道が存在している可能性がある．一般的に，旧河道は液状化危険度が高いとされているが，地形発達史（河道変遷史）に関する調査研究が不十分であると，そのような液状化危険度の高い旧河道の存在が抽出されず，液状化危険度が適切に評価さ

れない恐れがある．

　これまでみてきた事例から，ハザードマップの作成など液状化危険度を面的に評価するためには，土地の履歴を高い時間・空間分解能で高精度に把握することが重要であるといえよう．そのためには，地形学，地質学，地盤工学などの自然科学的な調査研究のみならず，絵図や文書資料等の解析，採掘地の造成，埋め戻しや河道・湖沼・水路等の埋め立てなど人為的土地改変に関する地域住民への聞き取り調査，行政資料（公文書）の精査など，人文・社会科学的視点からの調査研究も有効である．液状化以外の自然災害に関するハザードマップも，多角的な観点からの調査研究が進んでいる．たとえば，火山噴火や津波のハザードマップの作成に関しても，過去の火山活動や津波発生を示す火山灰や津波堆積物，古文書における記述，数値計算（シミュレーション）など，さまざまな観点からの文理融合的な調査研究が進んでおり，多角的な検討がなされてきている．このように，災害研究には統合的に土地の履歴や過去の自然災害を理解する地理学（統合自然地理学）的視点が必要であり，このような観点に立った調査研究を着実に進めて地域の防災・減災に貢献することは，地理学のプレゼンスの向上や地理学の発展にもつながっていくものと思われる．

【参照文献】
我孫子市　2010．あびこ防災マップ．
我孫子市史編集委員会近現代部会編　2004．『我孫子市史近現代編』我孫子市教育委員会．
青山雅史　2017．旧版地形図・迅速測図から液状化危険地域をよむ．地理 62(8): 20-27．
青山雅史・小山拓志　2017．2011 年東北地方太平洋沖地震による茨城県神栖市，鹿嶋市の液状化発生域と砂利採取場分布の変遷との関係．地学雑誌 126: 767-784．
青山雅史・小山拓志・宇根 寛　2014．2011 年東北地方太平洋沖地震による利根川下流低地の液状化被害発生地点の地形条件と土地履歴．地理学評論 87: 128-142．
神栖市　2014．神栖市液状化ハザードマップ．
小荒井 衛・中埜貴元・乙井康成・宇根 寛・川本利一・醍醐恵二 2011．東日本大震災における液状化被害と時系列地理空間情報の活用．国土地理院時報 122: 127-141．
国土庁防災局震災対策課　1999．『液状化地域ゾーニングマニュアル（平成 10 年度版）』．
国土地理院　2007．『自治体担当者のための防災地理情報利活用マニュアル（案）―土地条件図の数値データを使用した簡便な災害危険性評価手法―』（国土地理院技術資料　D・1-No.479）．
熊本市危機管理防災総室　2014．熊本市液状化ハザードマップ．
中尾正巳　1981．近代布佐の水害．我孫子市教育委員会市史編さん室編『我孫子市史研究 5』

240-272. 我孫子市教育委員会.
大熊 孝 1981. 『利根川治水の変遷と水害』東京大学出版会.
佐原市役所編 1966. 『佐原市史』.
新利根川土地改良区50年史編纂委員会編 2003. 『新利根川土地改良区50年史』新利根川土地改良区.
宇根 寛・青山雅史・小山拓志・長谷川智則 2015. 我孫子市の液状化被害とそれを教訓としたハザードマップの改訂. 地学雑誌 124: 287-296.
若松加寿江 2012. 2011年東北地方太平洋沖地震による地盤の再液状化. 日本地震工学会論文集 12: 69-88.
Yasuda, S. and Tohno, I. 1988. Sites of reliquefaction caused by the Nihonkai-Chubu Earthquake. *Soils and Foundations* 28: 61-72.

....

《考えてみよう》

液状化被害を予測するハザードマップの不備が明らかになった．そのおもな理由は，過去の資料による調査が不十分なことであった．江戸時代まで遡って古地図（絵図）や古文書を調べるには，おおきな努力や知識が必要である．自治体（役所）に任せておいていいのだろうか．住民のなすべきことは？

青山 雅史（あおやま＝まさふみ） 群馬大学教育学部准教授 e-mail: m-aoyama@gunma-u.ac.jp
1973年東京都生まれ．明治大学文学部・東京都立大学大学院理学研究科で地理学を学ぶ．博士（理学）．知らない土地へ出かけるのが好きで，幼少期は日本各地を鉄道で訪ねた．学生時代は山に興味を持ち，学部から大学院にかけておもに日本アルプスの周氷河地形に関する調査研究をおこなった．近年の地震による液状化発生地点を広域的に踏査し，その土地条件や土地履歴を調べているうちに，地域の防災・減災には統合自然地理学的視点から土地の履歴を理解することが大事であることに気がついた．

第10章 ラダークヒマラヤ，ドムカル谷での氷河湖決壊洪水の被害軽減にむけた住民参加型ワークショップ

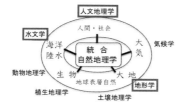

池田 菜穂・奈良間 千之

> インド北西部のラダーク地方では，近年，氷河湖からの出水による洪水がたびたび生じ，おおきな被害が発生している．災害リスク軽減を目的とする住民参加型ワークショップの活動を通してみえてきた，災害に対する考え方と課題について報告する．

キーワード：氷河湖決壊洪水，防災ワークショップ，知識共有，地域住民，住民意識変化

1 この地域における氷河湖決壊洪水の被害軽減の取り組みとは

　インド北西部に位置するラダーク地方では，氷河前面に氷河湖が多数発達し，1970年代から犠牲者や物的被害を伴う氷河湖決壊洪水（glacier lake outburst flood: GLOF）の発生が確認されている．ラダーク地方の氷河湖は，ヒマラヤ東部に分布する巨大な氷河湖に比べて小規模であるが，過去のGLOFでは甚大な被害が生じている．ラダーク山脈中央部の南西側に位置するニモ村では（図10-1），1971年に上流の氷河湖から出水し，13人以上の犠牲者があった．ニモ村の58kmほど北西に位置するドムカル村では，2003年にGLOFが生じ，橋や，水車小屋，農地などが被害を受けた（奈良間ほか 2011）．また，ラダーク山脈北西端の近くに位置するパキスタン領のタリス村では，2011年に生じたGLOFにより扇状地上の約130の家屋が破壊され，農地にも被害が発生した（OCHA 2011）．

　中央アジアやヒマラヤで過去に生じたGLOFの事例を分析すると，GLOFの大

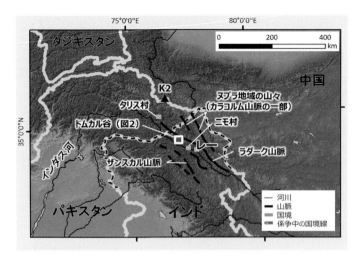

図10-1 インド北西部に位置するラダーク地方の山脈とドムカル谷の位置.

きさと災害の規模とは，必ずしも比例しない．災害の規模は，土地利用形態などの要因と関連する社会的脆弱性の影響を強く受ける．しかし，地域住民がGLOFに関する知識を得ることで，その脆弱性を改善することが可能である．ラダーク山脈には2014年の時点で266もの氷河湖が存在しており（Narama *et al.* 2015），一つ一つの氷河湖に対するハード防災の対策（たとえば河川堤防の建設など）は現実的でなく，この地域のGLOFによる災害を軽減するには，地域住民の自然災害への意識・知識や対応力の向上によって，減災を目指すソフト防災の取り組みを強化する必要がある．

そこで，私たちは，レーに拠点を置く環境NGOであるLadakh Ecological Development Group（LEDeG）と共に，2012年5月に，前述したドムカル村でGLOFの問題を住民と話し合うワークショップを開催した．このワークショップの第一の目的は，私たちが2010年に現地を調査して明らかにしたドムカル谷の氷河湖の現状と，衛星画像解析からわかった，それらの氷河湖の分布，出現・拡大履歴，洪水の特徴を，正しく住民に伝えることであった．

このワークショップのもう一つの目的は，ラダーク地方の氷河湖とGLOFに関する住民の認識・知識について，私たちが学ぶことであった．ラダーク地方のような辺境地域で，科学的知識に基づいた減災を推進しようとする場合，その土地の人びとがもつ環境や災害への認識を理解し，彼らの知識と科学的な情報と

を統合しようとする努力が，その事業を成功に導く一つの鍵となる（たとえば Mercer 2012）．防災に関わる国際的な政策枠組みである仙台防災枠組 2015-2030 においても，地域固有の知識の適切な活用を促す文言がある（UNISDR 2015：Paragraph 24i）．さらに，災害対策の事例を報告した多くの研究論文において地域住民の知識の有用性が確認されており（たとえば Hiwasaki et al. 2015），ラダークでの私たちの活動においても，それが重要な役割を果たすだろうと考えたのである．

調査は，奈良間（自然地理学）が氷河湖の現地調査を，池田（人文地理学）が住民の意識調査を担当し，ワークショップの企画・実施は共同でおこなった．本稿は，学術雑誌"Mountain Research and Development"（Ikeda et al. 2016）に発表した内容を簡略化したものなので，詳細についてはこの論文を参照していただければ幸いである．

2　ラダーク山脈の地理環境

ラダーク地方は標高 5,000 〜 6,000 m 級の山やまからなる．北から，カラコルム山脈東端のヌブラ地域の山やま，ラダーク山脈，ザンスカル山脈である（図 10-1）．ラダーク地方の中心都市レーの空港に降り立つと植生のない褐色の山並みの景観に迎えられる．レー（標高 3,500 m）の年降水量は 100 mm 程度で，夏のモンスーン期の降水量が比較的に多い．最大雨量は 8 月に観測され，秋には降水量が少ない（谷田貝ほか 2011）．

ワークショップを開催したドムカル村は，ラダーク山脈北西部に位置するドムカル谷にある（図 10-1）．ドムカル村は，三つの，より小さな村から成り立っており，ドムカル谷を流れるドムカル川に沿って，上流からゴンマ村（81 世帯），バルマ村（41 世帯），そして，インダス河との合流点付近にド村（71 世帯）がある（図 10-2）．ドムカル村全体では，2009 年時点で 193 世帯（1,269 人）が村内の保健センターに住民として登録されており，これらの人びとの約半数が半年以上を村で過ごす実際の住民であったとみられる（山口ほか 2013）．ドムカル村の集落から氷河湖までの距離は，10 〜 25 km ほどであり，非常に近いといえる（図 10-2）．

ドムカル村では，ドムカル川支流の出口付近に発達した沖積錐あるいは小型扇

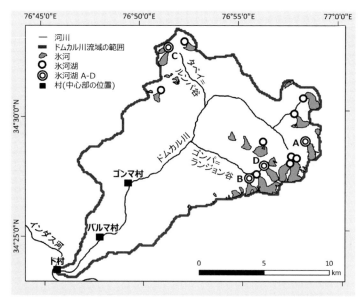

図10-2 ドムカル川流域の氷河と氷河湖, 村むら. ドムカル村はより小さな三つの村(上流からゴンマ村, バルマ村, ド村)で構成されている.

図10-3 ドムカル谷のゴンマ村の中心部. 家屋や農地は, 古い沖積錐や, 斜面脚部に堆積した岩屑の上の斜面に広がっており, 写真中央左寄りのドムカル川からの距離は近い.

状地の開析段丘や, 下刻によって離水した河成段丘などの平坦面上に集落が発達している. 人びとは緩斜面に階段状の小規模な農地を作り, 河川から引いた灌漑用水で大麦などの作物を栽培している (図10-3).

3　ドムカル谷の氷河湖と氷河湖決壊洪水の特徴

　ドムカル谷には，2011年の時点で13の氷河湖が存在しており（図10-2），そのうち六つの氷河湖で現地調査をおこなった．ドムカル谷の最大の氷河湖Aは，長さ400 m，幅285 mで，深さは36 m以上あり，水量は100万m^3を上回る（図10-4A）．2番目に大きい，ゴンパ＝ランジョン谷上流部の氷河湖Bは，最大水深39 mで，水量は43万m^3であった（図10-4B；奈良間ほか2011）．ドムカル谷の氷河湖の多くは1960年代以降に出現し，氷河の後退とともに現在も拡大している．2011年6月には，タベイ＝ルンパ谷の氷河前面に新たな氷河湖Cが確認された．この氷河湖の面積は6月8日の時点で0.0072 km^2とまだ小さかったが，約2ヵ月後の8月3日には0.0398 km^2にまで拡大している．2009年11月2日に取得されたALOS PRISMのDSM（数値表層モデル）から推定した，この氷河湖Cの水量は53万m^3で，最大水深は28 mであった．氷河湖の面積と水量は，氷河湖Bのそれらよりも大きく，45年間（1965〜2010年）かかって形成された氷河湖を超える大きさの湖が，わずか数ヵ月間で形成されたことになる（奈良間ほか2012）．

　ドムカル谷では過去にGLOFが生じている．ゴンパ＝ランジョン谷では，

図10-4　ドムカル川流域の氷河湖．A：流域でもっとも大きな氷河湖A，B：ゴンパ＝ランジョン谷にある2番目に大きい氷河湖B．

2003年6月末〜7月初頭，氷河湖Dからの出水による洪水が発生した．ゴンマ村では，20〜30 cmほどの大きさの魚が大量に目撃され，橋，水車小屋，学校の校舎，電柱，農地，樹木（林業で育成しているもの）などに被害が発生した．出水した氷河湖の前面のモレーンの側壁には幅10 m，高さ2〜5 mほどの大きな穴が開いており，この横穴（トンネル）を通って排水が生じたと考えられる．この地域のGLOFでは，ブータンやネパール東部でのGLOFの事例のように氷河湖を堰き止めるモレーンが崩壊する（たとえばKomori et al. 2012）のではなく，天山山脈での事例（Narama et al. 2018）と同様に，排水路の閉鎖と開放によって出水する場合が多いと考えられる．

4　氷河湖ワークショップの構成

2011年10月，池田は当時LEDeGの代表であったソナム＝ギャルソン氏と共にドムカルのゴンマ村を訪ねて，村長を含む村民に面会し，氷河湖とGLOFに関する知識の共有を目的に，村でワークショップを開催することを提案した．自分たちの生活圏内で実施された災害調査の結果を詳しく知りたいという村民の要望に，私たちが答えたのであった．

2012年5月30日に，本章著者らはLEDeGと共にゴンマ村の集会所で「氷河湖ワークショップ」を開催した．ドムカルの三つの村から集まった100名以上の村人と，主催者であった著者ら，グループディスカッションのファシリテーターや英語とラダーク語の通訳などを務めたLEDeGのスタッフとを合わせて，およそ120名が参加した．学童からお年寄りまで幅広い年齢層からの参加があり，男女比にも大きな偏り

図10-5　ワークショップに参加するドムカル村の人びと．上：第二セッションの様子，下：第二セッションで配布された冊子を読む参加者．

はみられなかった（図 10-5 上）．

　ワークショップのプログラムは 4 部構成である．第一セッションでは，参加者に四つのグループに別れてもらい，以下の 5 項目についてグループごとに話し合い，その結果を模造紙のような大きな紙に書き出してもらった．
- ドムカル谷の源流部に氷河湖が存在することを，著者らが村で調査活動をおこなう以前から知っていたか．
- 氷河湖の成因をどのように認識しているか．
- GLOF の発生過程をどのように認識しているか．
- GLOF と他の要因で発生する洪水とを区別することができるか．
- これまでに村内でおこなわれてきた GLOF 対策にどのようなものがあるか．

　第二セッションでは，下のような内容の，氷河湖と GLOF に関する基礎的知識の講義と，ドムカル村での氷河湖調査の報告を著者たちがおこなった．
- 気候変動が氷河に及ぼす影響
- GLOF とは何か？
- ドムカル谷における氷河湖の分布と大きさ，および，現在の状態について
- ドムカル谷で過去に発生した GLOF について
- タベイ=ルンパ谷（前述）に発生した新しい氷河湖について
- 考えられる GLOF 対策について

　また，セッションの内容を現地語（ラダーク語）と英語の二カ国語を併用してまとめた冊子を，参加者全員に配布した（図 10-5 下）．

　第三セッションでは，参加者は再びグループごとに集まり，前のセッションにおける講義と報告から学んだことや，ドムカル村における今後の洪水対策のあり方について討論した．第四セッションでは，四つのグループの代表がグループディスカッションの結果を皆の前で発表し，その後，参加者全員で村としての今後の洪水対策について討論した．

　2012 年 9 月（ワークショップを実施した 3 カ月後）に，本章著者らは再びドムカル村を訪れ，ワークショップを通じて住民に提供された情報の認知度を調査し，さらに第一セッションで明らかになった氷河湖と GLOF および GLOF 対策に関する住民の認識・知識についての補足調査もおこなった．これらの調査は，ドムカルの三つの村でそれぞれランダムに選ばれた 20 人，総計 60 人を対象とし，

通訳を介した聞き取り調査によって実施した．対象者には，ワークショップの参加者16名を含むが，残りはワークショップに参加しなかった住民である．聞き取り調査の終了後には，ワークショップで議論した内容を現地語と英語でまとめた報告書を調査対象者に手渡した．また，同じ報告書を，ドムカル村の代表者や学校教師などを通じ，その他の村民にも配布し，議論の内容を住民の記憶に留めるための活動をおこなった．

5　氷河湖とGLOFおよび洪水対策に関する住民の認識・知識

　私たちの調査によって，ドムカル村民の多くが，ワークショップ実施前からドムカル谷の源流部における湖の存在を知っていたことがわかったが，村人たちが把握していた湖の数は，谷全体に実際に存在する13個の氷河湖（2011年時点の数）の一部だけであったことも明らかになった．彼らは，家畜の放牧地付近や，隣接する谷に通じる交易のルート上の一部の湖の存在は把握していたが，日常生活圏から離れた場所に位置する湖についてはその存在を認識していなかった．村人たちが湖の存在を知った経緯としては，ゴンパ＝ランジョン谷などにある氷河湖を，その周辺で放牧に従事する村の牧者たちが訪れて発見し，彼らが，それらの湖の存在を他の村人たちに語り伝えたということのようだ．村人たちは，ゴンパ＝ランジョン谷の湖を聖なる場所と考えるようになり，その信仰は，現在でも，とくに年配の村人たちのなかで，生きている．

　氷河湖に関する住民の認識・知識には，チベット系高地民である彼らの宗教的信仰心に影響を受けている部分と，彼らの自然観察に基づく部分とが混在しており，たいへん興味深い．宗教的信仰心に基づく認識・知識としては，次のような事柄が挙げられる．前述したゴンパ＝ランジョン谷には，人びとの巡礼の目的地となっている寺院と聖地がある．ワークショップ参加者のうち一つのグループの少なからぬ人びとが，そのゴンパ＝ランジョン谷の源流部にある湖には聖なる馬と羊が住んでおり，それらの動物の怒りを買うと洪水などの悪い事がおこると主張していた．3カ月後の補足調査においても，50～80歳代の男女5名が同様に聖なる馬や羊の存在に言及し，なかにはこの話を信じていると明言した人もいた．さらに，同じグループの議論のなかで，ゴンパ＝ランジョン谷の湖で，湖面を覗き込むと，チベットの寺院や風景が見えるという主張もあった．このよ

うな湖面に映る風景に関することは，前述したニモ村で私たちが氷河湖を調査した際にも村人たちから聞いており，ラダーク地方に共通する宗教文化との関連があると考えられる．

一方，住民の自然観察に基づく氷河湖の認識・知識としては，次のような事柄が挙げられる．補足調査において12名の村人が，氷河湖周辺の自然環境に言及し，たとえば，「魚がいる」とか「鳥がいる」「蚊がいる」「蜂がいる」「草が生えていない」「冬には湖面が凍る」などと具体的に述べたことである．これらは氷河湖周辺の自然環境に関する彼らの関心や観察眼を示すものとして興味深い．さらに「湖の前面にある，植生に覆われた土塊が動くと，その湖が洪水を引きおこす危険性があることを意味する」などと話した村人も4名おり，氷河湖からの出水に関わる事象についての認識をもつ住民がいることもわかった．

氷河湖の成因については，氷河の融氷水または融雪水が集まって形成されると認識している人びとが多く，近年の気温上昇（地球温暖化）の影響による雪融けの促進により湖が出現したと述べた村人もいた．これらの発言から，住民のなかには，科学的知識をもとに氷河湖の成因を理解している人もいることがわかった．GLOFの発生過程については，GLOFが豪雨や融雪水に起因する洪水とは異なる現象であることを理解している人びとがいた．彼らは，GLOFの具体的な特徴として，突然の出水であること，死んだ魚が洪水流に含まれること，その洪水流に刺激臭があることなどを挙げていた．また，ゴンパ＝ランジョン谷の湖については，出水の危険性があると認識していた村人たちがいたことや，その出水による洪水の被害が及ぶ地域の範囲（村名や集落名）と被害の大きさに関するうわさ話がドムカル村内に流布し，ドムカル谷の住民にそのことに対する恐怖心があったことがわかった．

洪水対策については，宗教的な方法を重視している村人と，実践的経験に基づき，土地利用の改善や護岸壁の建設などの対策があることを認識している村人の両方がいた．自身が洪水被害を避けるための宗教儀式をおこなっていることや，洪水からの守護を目的とした仏塔を建てたことなどを述べた住民がいた一方で，「川の近くに家を建てない」とか，「川の近くに樹を植えない（洪水時に流されて川をせき止める原因になるため）」など，洪水への備えとしてラダーク地方で一般的にいわれている心得に言及した住民もいた．また，「川岸に保護壁を建設す

る」と述べた村人もいたが，同時に彼らの多くが「政府の支援を受けて建設する保護壁は，洪水が発生するとすぐに壊れ，あまり効果がない」とも指摘した（これらの保護壁の建設工事は，住民自身が労働者を雇い，実施することが多いようであった）．さらに，洪水対策は「何もおこなってこなかった」とか「特にない」などと述べた村人も多くいた．総じて，洪水発生前における有効な事前対策がないと認識している住民も数多くいたことがわかった．

6 村人たちの決意書

　第三セッションでドムカル村における今後の洪水対策のあり方についてグループディスカッション形式で話し合われた内容は，最後の第四セッションでグループの代表者によって発表された．各グループの代表者には女性を含む若者が多く，熱心にワークショップの参加者たちに語りかけていた．グループの発表が終わるたびに大きな拍手がおこり，これらの過程を通じて，多くの参加者が熱心に議論に参加する様子が観察された．その後，全員参加の総合討論を経て，ワークショップの最後に採択された「村人たちの決意書（Villagers' Resolutions）」は次の7項目から成る．

1. 氷河湖の状態を効果的に観察するために，当番制による村民の氷河湖監視委員会を設置する必要がある．
2. 村民は，川の水位の急上昇に気づいたときには，お互いにそのことを知らせあうべきである．
3. 川のそばに住む人びとは，水位の上昇に気づいたときには，貴重品を持ち出そうとして家に留まることなく，安全のため直ちに避難すべきである．
4. 村民は，川岸付近における新しい建物の建設を抑止すべきである．
5. 村民は，村内またはその付近において，洪水発生時に避難所として活用できる安全な場所を特定し，さらに避難計画を立てるべきである．
6. 村民は，川沿いの土地に植樹することを慎むために，社会的・慣習的な規範を定めるべきである．
7. 村民は，緊急時に，川の下流，および，それぞれの集落内に住む人びとに情報を伝えるための通信ネットワークを構築する必要がある．

　このように「決意書」は，災害発生時の避難行動のみならず，平常時からの防

災に積極的に取り組もうとする意欲が示された内容になった．

7　ワークショップ後の住民の意識変化

　ワークショップの 3 カ月後に，私たちはドムカル村の住民 60 人を対象に，「ワークショップまたは配布した冊子から得られた新しい知識」と「現在おこなっている洪水への備え」について，その有無と内容を尋ねた．

　一つ目の質問に対しては，調査対象者 60 人中の 34 人が「新しい知識を得た」と答えた．そのなかには，ワークショップに参加しなかった住民 18 人が含まれており，これらの非参加者に対しても，ワークショップの実施と冊子の配布という方法を用いた情報発信による何らかの効果があったことがわかった．34 人が言及した新しい知識とは，次のような内容である．

・ドムカル谷源流部における湖の存在とその特徴（湖の数，大きさ，深さ等）
・GLOF の発生過程
・洪水発生時の速やかな避難や，近隣・下流部の住民への情報伝達の必要性
・ドムカル谷における GLOF 発生のリスク

　これらの項目のうち，とくに，ドムカル谷に 13 もの氷河湖があり，そのうちの一つが 2011 年に出現した新しい氷河湖であるという事実は，住民に新知識として強い印象を残したようであった．また，ワークショップの実施と冊子の配布は，一部の住民に対しては洪水発生時の避難行動や情報伝達の重要性を印象づける効果もあったと考えられる．

　一方，GLOF 発生のリスクに関する調査対象者の発言の内容は，より複雑で注意を要するものであった．「晴れた日にも洪水が発生することがあるとわかった」とか，「湖が洪水を引きおこす危険性があることがわかった」など正しい認識が示された回答もあった一方で，「湖は危険でない」とか「湖が洪水を引きおこす危険性がないことがわかった」とか，「洪水発生の危険性がある湖が一つだけある」などと，正しくない認識が示された回答もあった．また，天気と洪水の発生の関係についても，「よく日が照った日に洪水が発生する危険性がある」とか「雨が降ったときには洪水に気をつけるべきである」など断片的で不完全な認識を述べた人もいた．このように誤った事柄を述べた人びとのほとんどは，ワークショップに参加しなかった村人であった．

二つ目の質問である「現在おこなっている洪水への備え」に関しては，調査対象者 60 人中の 27 人が，備えをしていると答え，その内容を具体的に口述した．しかし，その 27 人中，洪水対策への意欲や積極性が認められる回答をしたのは 6 人だけであった．彼らは，洪水発生時の避難と情報伝達ができるように備えていることや，普段から川の状態を観察するように心がけていること，川岸に家を建てたり，樹を植えたりしてはいけないと認識していることなどを話してくれた．一方，27 人中の多くの人びとが「川岸に保護壁を建設することしかしていない」という消極的な含みのある回答をしていた．また，60 人の半数以上に相当する 33 人は洪水への備えを「とくにしていない」と答えており，ワークショップ実施前の状況と同様に，自らが有効な洪水対策をおこなっていないと認識している住民が多いことが確認された．

8 住民向けの防災ワークショップの効果と課題

今回のワークショップで，私たちは，ドムカル谷の氷河湖に関する知識を参加者たちに提供すると同時に，平常時における河川のモニタリングや，洪水発生時の避難行動・情報伝達の必要性についても，参加者たちに訴えかけた．それらのメッセージは参加者たちに伝わり，一部の住民には 3 カ月後の調査時に知識が定着していたことが確認できた．それらのメッセージは前節で紹介したように「晴れた日にも洪水がおこることがある」などであり，減災を目指した住民との知識共有の活動において，シンプルなメッセージが重要であることがわかった．一方，氷河湖の形成や GLOF の発生など，自然現象やハザード発生のプロセスについては，ワークショップ参加者らの関心は高かったものの，一度の講義ですべてを理解することは難しく，参加者の属性に応じて，ワークショップのプログラム構成を調整する配慮が求められることもわかった．また，より深い関心をもった参加者や，ワークショップに参加できなかった人びとが学べるようにフォローアップすることも重要である．

地域住民を対象として災害に関する知識共有をおこなううえで，注意すべき課題を挙げると，災害発生リスクについての考え方である．今回のワークショップでは，ドムカル谷における氷河湖調査の結果に基づき，この谷の氷河湖のいくつかに将来 GLOF 発生の可能性があること，また，氷河湖からの出水時期の推定

は難しいことを参加者たちに伝えた．しかし，このことについて，ワークショップに参加しなかった村人たちのなかに，誤った認識を示した人びとがいたのは，前節で紹介したとおりである．第一セッションの結果が示すように，ドムカル谷の住民の多くには，源流部の湖からの出水による洪水発生に対する恐怖心がもともとあるため，ワークショップ参加者から断片的に聞いた情報を，その心の重荷を軽くするために，都合よく，短絡的に解釈したとも推察できる．明瞭に数値化などができない災害リスクの概念を，すべての地域住民に正しく伝える方法についての検討が必要であろう．また，これと同時に，地域社会における防災知識の定着や深化を促す仕組みについても検討する必要があるだろう．そのためには，地域社会の内部に，防災活動を推進できる人材を見出し，彼らの知識や能力の発展を促していくことが不可欠である．

　さらに，このワークショップの実践を通じて明らかになったことを，もう一つ指摘しておきたい．それは，ドムカル谷の氷河湖とGLOFに関する住民の認識・知識が，彼らの宗教的信仰心や，過去の洪水の経験，彼らが受けた科学教育，彼ら自身による自然観察の成果などの，多様な事物の影響を受けて成り立っていることである．Mercer（2012: 99）が論じたように，地域社会の内部の知識は「動的であり，世界の変化に反応する」のである．今回のワークショップによって，ラダーク地方では，災害対策に関連して地域社会の外部からもたらされる新しい知識と向き合うことのできる柔軟性があることが示された．その新しい知識を，彼らの地域社会の内部にすでに存在する環境や災害への認識のなかに，どのように組み込んでゆくべきか．それは，地域住民自らが決めていくことであろうが，私たちのように災害に関連する情報を外部から提供しようとする者としては，地域住民による，そのような知識統合の試みを支援しようとする姿勢が重要であろう．

9　洪水対策実現に向けての課題

　ワークショップで話し合われた洪水対策をどのように実現させるかも重要な課題である．村人たちの決意書に見られる取り組みのリストには，技術的または経済的な観点から，村人たちだけで進めることが難しいものが多く含まれている．たとえば，川沿いの土地での新規の建設や植樹の規制については，法的根拠がな

い慣習法では有効に機能しない可能性がある．ラダーク地方では2010年に発生した大規模な豪雨災害（池田2012）の後にも，世帯の土地所有や経済的な事情などから，河川沿いや扇状地上など洪水被害を受ける危険性のある土地に住み続ける人びとが現実におり，法的な強制力を用いずに新規の住宅建設を規制することの困難さが示されている．また，村内における災害時の情報伝達システムの構築のためには，災害時にも各集落間で確実に通信可能な設備が求められるが，ラダーク地方の固定電話や携帯電話などの通信設備については，2010年の豪雨災害時に被災して長期間・広域にわたり使用できなくなるなど，その脆弱性が示されている．集落によっては，前述した通常の電話設備以外に衛星電話が配置されている場合もあるが，その数は少なく（2012年時点でドムカル村では1台のみ），いまのところは谷内での上流から下流への迅速な情報伝達のために使える状態ではない．

　これらの事例からも明らかなように，地域住民の防災意識を向上し災害対応力を高めることと同時に，住民の取り組みを土地利用に関わる法制度や通信システムの整備などの観点から支援する動きも必要である．同時に，災害リスクの高い土地に暮らしている人びとが，安全な場所に移動し，新たな生活を始めるための社会的・経済的支援も必要であろう．これらの取り組みには，地元政府の強いリーダーシップが求められる．

　私たちは，氷河湖ワークショップの活動を，LEDeGを通じて地元政府であるラダーク山地自治開発評議会（Ladakh Autonomous Hill Development Council: LAHDC）に報告するなど，政府関係者との情報共有にも努めてきた．2010年の豪雨災害の後，ラダーク地方では洪水対策を中心に防災への機運が高まったが，これまでのところ，LAHDCが主導する洪水対策は，どちらかといえば洪水を工学的なアプローチで防ごうとするハード防災の対策に重点が置かれてきたといえる（池田2012; Le Masson 2015）．これからは，ハードとソフト両面の防災対策を組み合わせる考え方がより重視されるべきであろう．ラダーク地方における最良の洪水対策システムの構築に向けて，政府の協力の下，課題とその解決策に関する議論を深め，政府と地域住民，それぞれの取り組みが連動して効果を上げる仕組みづくりが重要である．

【参照文献】

Hiwasaki, L., Luna, E., Syamsidik and Marçal, J. A. 2015. Local and indigenous knowledge on climate-related hazards of coastal and small island communities in Southeast Asia. *Climatic Change* 128: 35-56.

池田菜穂　2012. インド，ラダーク地方における 2010 年 8 月の豪雨災害の概況とドムカル村住民の被災体験．ヒマラヤ学誌 13: 180-198.

Ikeda, N., Narama, C. and Gyalson, S. 2016. Knowledge sharing for disaster risk reduction: Insights from a glacier lake workshop in the Ladakh Region, Indian Himalayas. *Mountain Research and Development* 36 (1): 31-40.

Komori, J., Koike, T., Yamanokuchi, T. and Tshering, P. 2012. Glacial lake outburst events in the Bhutan Himalayas. *Global Environmental Research* 16: 59-70.

Le Masson, V. 2015. Considering vulnerability in disaster risk reduction plans: From policy to practice in Ladakh, India. *Mountain Research and Development* 35 (2): 104-114.

Mercer, J. 2012. Knowledge and disaster risk reduction. In *The Routledge Handbook of Hazards and Disaster Risk Reduction*, eds. B. Wisner, J. C. Gaillard and I. Kelman, 97-108. New York: Routledge.

Narama, C., Daiyrov, M., Duishonakunov, M., Tadono, T., Satoh, H., Kääb, A., Ukita, J. and Abdrakhmatov, K. 2018. Large drainages from short-lived glacial lakes in the Teskey Range, Tien Shan Mountains, Central Asia. *Natural Hazards and Earth System Sciences* 18,993-995.

奈良間千之・田殿武雄・谷田貝亜紀代・池田菜穂　2011. インド・ヒマラヤ，ラダーク山脈のドムカル谷における氷河湖と氷河湖決壊洪水の現状. ヒマラヤ学誌 12: 73-84.

奈良間千之・田殿武雄・池田菜穂・Sonam Gyalson　2012. インド・ヒマラヤ西部，ラダーク山脈の氷河湖の特徴．ヒマラヤ学誌 13 :166-179.

Narama, C., Yamamoto, M., Tadono, T. and Tsultim, L. 2015. Glacier Lake Inventory of Ladakh Region (2014) ―Central Ladakh, Nubra, Stok, and Zanskar. *Report of Mountain Research Group of Niigata University*. Niigata: Niigata Printing.

OCHA [United Nations Office for the Coordination of Humanitarian Affairs]. 2011. Pakistan monsoon update. Islamabad: OCHA. http://reliefweb.int/sites/reliefweb.int/files/resources/LinkClick.aspx_.pdf (last accessed 16 February 2015).

UNISDR [United Nations Office for Disaster Risk Reduction]. 2015. Sendai Framework for Disaster Risk Reduction 2015-2030. Geneva: UNISDR. http://www.unisdr.org/files/43291_sendaiframeworkfordrren.pdf (last accessed 15 December 2015).

山口哲由・ゴデゥップ，ソナム・野瀬光弘・竹田晋也　2013. ラダーク山地社会における農林牧複合の農業形態と土地利用の変容．ヒマラヤ学誌 14: 102-113.

谷田貝亜紀代・中村 尚・宮坂貴文　2011. ラダーク気象観測―通年データと 2010 年 8 月洪水時の状況―. ヒマラヤ学誌 12: 60-72.

《考えてみよう》

　2008年頃，ネパールヒマラヤのイムジャ氷河湖の決壊の危険が問題になって多くの報道陣や調査者が訪れて地元住民に危険を宣伝した．しかし，報道陣や調査者が去った後，地元住民は取り残され不安がつのり，報道陣や調査者に不審をもつということがあった．そのような事態を招かないための取組がこの論文の報告である．このような活動を広げてゆくにはどうすればいいのだろうか．

池田　菜穂（いけだ＝なほ）　国立研究開発法人国立環境研究所特別研究員　e-mail: ikedan@tohoku.ac.jp　1973年大阪府生まれ．北海道大学大学院地球環境科学研究科を修了後，独立行政法人防災科学技術研究所特別研究員，京都大学防災研究所研究員，東北大学災害科学国際研究所助教，同研究所シニア研究員を経て，2018年7月から現職．博士（地球環境科学）．大学院でヒマラヤ高地の移動牧畜と自然環境・社会環境との関わりについて地理学に足場を置いて研究し，牧畜と環境保全に関連する周辺分野の知見・手法をとり入れた研究活動をおこなった．専門は，地域住民の生業活動と災害対応に関する研究．最近では，三陸地方における生業活動や地域社会の変化に関する研究にも取り組んでいる．

奈良間　千之（ならま＝ちゆき）　第7章参照．

第11章　一ノ目潟年縞堆積物による環境史研究

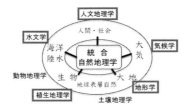

山田 和芳

　男鹿半島にある小さな湖「一ノ目潟」の湖底に眠る過去3万年間分の年縞堆積物を使った環境史研究を紹介する．年縞には，かつての人類が経験してきた有史以前の気候変動，自然災害から，社会形成・維持のためにおこなわれた人為的な環境改変の様子までが克明に記録されていた．

キーワード：年縞，一ノ目潟，気候変動，地震履歴，森林破壊

1　はじめに：日本における年縞研究の現在地

　1993年，福井県にある水月湖という湖で，過去7万年分に相当する45 mの厚さの年縞堆積物が発見された．1993年という年は，日本では梅雨が明けないまま夏を迎えた．その夏も本調子ではなく，全国的に記録的な冷夏になった．その結果，食料自給率が前年より9ポイントも低下する深刻な米不足に陥り，タイ米など外国産米の緊急輸入をおこなった年であった．まさに自然環境に対する社会や私たちの暮らしの脆弱さを身をもって知ることとなった．いったい，これまでの人類は変化する自然環境とどのように対峙してきたのか？　その解をもたらしてくれるヒント・材料が，奇遇にも同じ年に発見された年縞にあった．

　年縞は，「土の年輪」と表現されるミリスケールの年層ラミナ（葉理）からなる湖成または海成泥質堆積物である（図11-1）．それは，地球の記憶を留めた，いわば自然環境の履歴書である．状態が良ければ年縞は，最大過去1万年の気候

図11-1 一ノ目潟の湖底表層部の年縞堆積物の掘削コア．凍結させた状態である．最上部の白い部分は湖底直上の水が凍ったところ．最下部の縞のない部分，1983年5月26日に発生した日本海中部地震によって湖底斜面から流れこんできたタービダイト層である．

変動史を示す年輪よりもはるかに長く，数万年単位の環境変動を記録している．また，降水量や気温変動だけでなく，各層の含有物質の分析や周辺地形の観察を総合すると，地震・火山噴火・津波・洪水などの自然変動や災害，さらに人間活動による開発・破壊をも明らかにできる．言い換えれば，年縞は，長期的気候変動から短期間あるいは突発的事象（災害も含む）や，人間による環境破壊の痕跡まで，さまざまな環境変動を，正確な時間軸とともに高精度に復元できる潜在能力をもつ（山田ほか 2014）．

1993年に始まった水月湖の年縞研究は，その後，中川 毅らの研究グループによって2006年，2012年にも大きな掘削研究がおこなわれ，年縞を正確な時間軸，すなわち標準時計にするべく地道な研究が展開された（Nakagawa *et al.* 2012；Bronk-Ramsey *et al.* 2012 など）．年縞の発見から実に20余年という歳月を経て，ついに2013年にIntCalと呼ばれる放射性炭素年代の暦年代への標準換算表に採用された（Reimer *et al.* 2013）．まさに，水月湖の年縞が世界に認められ，過去の時間のものさし（地質標準）になった瞬間であった（中川 2017）．

年縞研究の次のステップは，正確な時間のものさしを手に入れたことによって，自然環境の変化がいつ，どのように起きていたのかを知ることである．観測時代以前についても，年縞を用いることで私たちが知っている歴史年表レベル（年単位に限りなく近い）で，自然環境の変化や，人間活動による自然環境への影響についての議論が可能になりつつある．

本論では，これまで著者が中心となっておこなってきた一ノ目潟における年縞研究を紹介し，年縞環境史研究の最前線について解説する．

図11-2 一ノ目潟の全景．直径約600 mの円形のマールである．湖中央付近に見えるのは掘削マシーンである．2006年著者撮影．

2 一ノ目潟の年縞研究

2-1 一ノ目潟に注目した理由

　一ノ目潟（北緯39°57'，東経139°44'，水深44 m）は，秋田県北西部に位置する男鹿半島の北西部，更新世海成段丘面上に位置する爆裂火口湖（マール）である（図11-2）．その形成年代は，6〜8万年前とされる（北村1990）．一ノ目潟は直径約600 mの円形であり，その湖底地形は，急な斜面と中央の平坦面からなる鍋底状の地形を呈している．そして，大きな流入・流出河川がなく，北西部に小さな谷地形を残している．水質観測結果から，一ノ目潟は淡水環境であり，水塊は水深約5 mと約43 mに境界をもつ3層構造になっている．上部境界は水温躍層であり，下部境界は，溶存酸素量によって区切られ，湖底から1 mのところまでは無酸素状態になっている（山田ほか2014）．

　水底に年縞が堆積する環境として必要なことは，堆積システムに季節的差異があることのほかに，底生生物や風・波・湧水・ガスによる堆積擾乱がおきないことである（Zolitschka 2007）．この観点で一ノ目潟をみた場合，すり鉢状の湖盆の形状という地形学的特徴，底層部の貧酸素水塊の存在，そして植物プランクトンの季節的出現という陸水学的特徴が年縞の存在の要因になっていることは明らかである．

2-2 一ノ目潟での掘削調査と年縞の発見

2006年の秋,約2カ月の期間をかけて,一ノ目潟のほぼ中央にあたる地点から,全長約37 mにおよぶ柱状試料(コア)を採取した.コアには,現湖底から深度約37 mまでミリ〜サブミリオーダー=スケールのリズミカルな縞模様が連続的に発達していた.この縞模様の電子顕微鏡(SEM)像観察結果では,明色薄層を構成するそれぞれ珪藻化石の *Asterionella* sp. 密集層,*Aulacoseira* sp. 密集層と,暗灰色薄層を構成する硫化物,非晶質の有機物,砕屑粒子の混合密集層の周期的な積み重なりが認められた(図11-3).珪藻種の大繁殖は,春先に生じることが多いため,明色薄層は「春」〜「初夏」の地層,暗色薄層は「秋」〜「冬」の地層であることがわかり年縞と認定できた(Yamada 2017).過去100年間における年縞の枚数計測結果では,年縞は,1950年代後半に増大しはじめ1963年にピークをもつCs-137(セシウム137)濃度変化と一致していたことも明らかになり,一ノ目潟における年縞編年の精度が極めて高いことが示された(Yamada 2017).結果的には,全長約37 m分の年縞は,放射性炭素年代測定と,広域火山灰分析によって,過去約3万年間をカバーする堆積物であることが明らかになっ

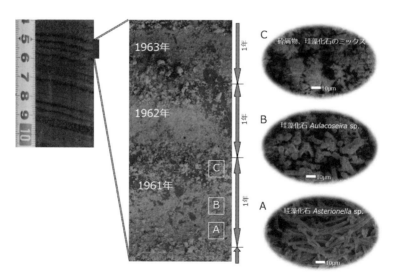

図11-3 一ノ目潟年縞堆積物の電子顕微鏡(SEM)写真(中央).左はコアの通常写真.C・B・Aの拡大写真が右側に示してある.

た（Okuno et al. 2011）．

　さらに，2006年以降の現地における継続的な調査によって，現在進行形で年縞が形成されつづけている日本ではじめての湖沼であり，それは，世界的にみても2例目であった．

　これら一ノ目潟年縞堆積物を用いた研究は，さまざまな研究分野のエキスパートが参画したプロジェクトチームによって推進され，総合的かつ多角的な環境史研究として進展してきた．現在も研究が進行中のものも多いが，ここでは，「気候変動」，「災害イベント」，「人為的環境改変」について，それぞれの注目すべき研究成果の例を紹介する．

2-3　晩氷期の気候変動

　高時間分解能で気候変動を復元した氷床コア研究は，最終氷期末の晩氷期から完新世にかけて，ヤンガー＝ドリアス（YD）と呼ばれる一時的な寒の戻りがヨーロッパ地域を中心に存在していたことを明らかにした（たとえばNorth Greenland Ice Core Project（NGRIP）members 2004）．それは，完新世がはじまる直前，12,900年前～11,700年前の約1,200年間，わずか1～3年のうちに平均気温が約7℃急激に変化していた（図11-4上；Steffensen et al. 2008）．一方，南極では，アンタークティック＝コールド＝リバーサル（ACR）と呼ばれる一時的な寒の戻りがあったことが明らかにされている（図11-4下；Jouzel et al. 2001）．しかしながら，両極の気候変動は，同時的ではなく，北半球が急激な寒冷化する時期に，南半球で温暖化が始まるように，両極間で逆転する形で気温が変化するバイポーラーシーソーで説明されている（Kageyama et al. 2010）．

　共同研究者の篠塚良嗣博士は，アジアモンスーン気候下にある東北日本地域における気温の挙動を明らかにするために，一ノ目潟の年縞堆積物に対して920サンプルの元素分析をおこなった．そして，得られた元素データを総合的に解釈するため主成分分析を実施した（篠塚・山田2015）．その結果，第一成分で全体の約50％の情報を要約することができ，一ノ目潟の年縞を構成する元素組成および濃度は極めて単純な構造になっていることが示された．この第一成分は，正の方向ではアルミニウムやチタンなど，砕屑物に多く含まれる元素の影響が大きく，負の方向では窒素や炭素，リンなどの水中基礎生産をしめす元素の影響が高く

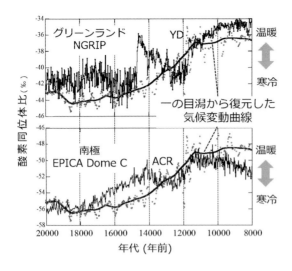

図 11-4　最終氷期末（晩氷期を含む過去2万年前〜8,000年前）の気候変動のグリーンランド（上）と南極（下）の対比と一ノ目潟の気候変動曲線．酸素同位対比の変動グラフは North Greenland Ice Core Project (NGRIP) members (2004) および，EPICA community members (2004) による．

なっていた．これは，正の値を示すほど，風成塵が多量に飛来し，水温の低下からプランクトンの繁殖が弱まる気候寒冷・乾燥傾向を示唆しており，第一成分を気候の変化に読み替えることができる．この指標を使って晩氷期における一ノ目潟周辺の気候変動を復元した結果，グリーンランドで認められるヤンガー＝ドリアスの寒の戻りや，南極コアのアンタークティック＝コールド＝リバーサルに対応する変化は見られなかった（図 11-4）．しかし，気候が大きく変化するタイミングは，三者間で同時的であることが見いだされた．一ノ目潟の場合，ヨーロッパ地域で寒の戻りがある約 12,900〜11,700 年前の期間は，前後の時期と比べて，大きな気候振幅が認められる（図 11-4 中の丸で示した変動）．つまり，異常気象のような気候の揺れが増大しているという解釈ができる．今後，花粉分析などの他分野の分析結果とも照らし合わせ比較しながら，より詳細な晩氷期の気候変動を復元する予定である．

2-4　地震イベントが記録されている

　一ノ目潟年縞堆積物には，上方細粒化構造をもつタービダイト層が数多く挟在している．このタービダイト層の成因については，一般的に，洪水，地震，津波，波浪などの原因があげられるものの，一ノ目潟の周囲の地形などを考慮した結果，

地震によって形成されたと推定する．そこで，これを確かめるために，過去100年間に注目してイベント地層（タービダイト層）と地震の関係性について検討した（Yasuda et al. 2017）．その結果，過去100年間において，6枚の上方細粒化構造を持つタービダイト層が確認できた．年縞編年に基づくと，タービダイト層の形成時期は，上位から西暦1983年，1964年，1945年，1939年，1935年，および1914年であることが明らかになった．これらの堆積年代と過去100年間における男鹿半島付近で起きたマグニチュード6.0以上の巨大地震を比べると，その多くが対応していることがわかった．1983年5月26日の昭和58年日本海中部地震（M 7.7），1964年5月7日の男鹿半島沖地震（M 6.9），1939年5月1日の男鹿地震（M 6.8），1914年3月15日の強首地震（M 7.1）と確実に対応していることが明らかになった（図11-5）．つまり，一ノ目潟の年縞堆積物から，日本海

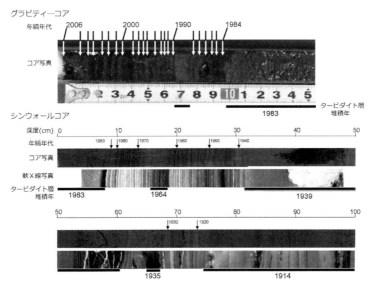

図11-5 過去100年間のタービダイト層と地震の関係．掘削マシーンによって採取したシンウォールコア（水圧によって円筒形ステンレスチューブを貫入するコア）は，湖底最表層部の軟弱な堆積物の採取は困難である．そのため重力式コアサンプラーを用いて湖底最表層部の堆積物のコア（グラビティーコア）を採取した．そして地層対比によって，一つの堆積物として過去100年間のタービダイト層（図中太線部分）の堆積年を求めた．太線部分下の1983などの数字は，男鹿半島付近で起きたM 6.0以上の巨大地震の発生年を表している．

東縁部秋田沖の海底地震や，内陸部で浅い深度を震源とする地震を推定できることが示唆された．さらに，タービダイト層の層厚と震度の関係を検討した結果，一ノ目潟においてもっとも揺れ（震度）が大きかった1939年の男鹿地震では，タービダイト層の層厚がもっとも厚くなっている．このことから，タービダイト層の層厚から強震強度などを復元することができる可能性がある．

ボーリングコアを用いた検討では，過去 28,000 年間には，269 枚のタービダイト層の挟在が確認されている．つまり，単純計算で約 100 年に 1 回の頻度で地震が発生していた可能性を指摘できる．

2-5　中世の大規模森林破壊

戦国時代から江戸時代初頭にかけて，日本では全国的な森林乱伐がおこなわれた（徳川林政史研究所 2012）．これを危機的状況と受け止めた江戸幕府は，「留山」制度を発令して，森林の保護と育成をおこない，見事に森林を回復させた．歴史をさらに遡ると，平安や鎌倉時代においても，寺社仏閣の建築ブームによる乱伐や，人口増加による水田開発によって国土の森林は減少・劣化していたとされる（鈴木 2002）．一ノ目潟の年縞堆積物には，このような中世における人為的な森林乱伐の歴史が克明に記録されていた．

共同研究者の北川淳子博士による研究（Kitagawa et al. 2016）では，現在では日本三大美林といわれる秋田杉は，紀元前1,500年前頃成立したとされる．この

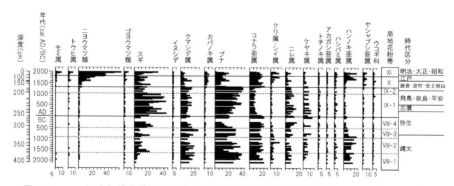

図 11-6　一ノ目潟年縞堆積物の過去 4,500 年間の花粉分析結果（Kitagawa et al. 2016 を一部改変）．樹木花粉のみを抽出している．

スギは，西暦1,000年頃に突如として衰退する．その約300年後にはブナも消失していたことが，一ノ目潟年縞の花粉分析結果から明らかになった（図11-6）．一般的に，スギは，昔から建築用材や燃料用として広く使われていた有用材であった．西暦1,000年前にスギがおおきく減少した．そこで，当時の人びとが用材としては不向きなブナにも手を出さざるを得なかった状況であったことが推定される．その原因として，寺社仏閣の建築や，地元豪族の急速な荘園開発が考えられている（Kitagawa et al. 2016）．同時期に，一ノ目潟の湖底に溜まる有機物の組成（炭素＝窒素比）が，陸上高等植物由来から，水中植物プランクトン由来に大きく変化していた．これは人為的開発による大きな森林破壊の影響を裏付けているといえよう．

3 まとめ

年縞環境史研究は，温故知新研究であると考えている．人類と地球環境のこれからを考えるために，過去の人と自然の関係性を精緻に調べていく．それは，まさに私が大学入学後，「地理学概論」という講義の最初で学んだことであった．先生は私にこう言った．「地理学とは，地の理（ことわり）を学ぶ学問．地を構成するものは，大地，大気，水域，そして，人類がいて，社会である．地理学とはそれらすべてを包括して総合的に学ぶ学問であり，俯瞰的な見方が不可欠である」と．国際研究や共同研究が強く推進される現在，全体を総合的にみるためには，個別の専門学問を究める学問とは別に，それにつながる多層的な学問の見識が求められる．地理学を学んだ私に知らず知らずのうちに身についた素養だったのかもしれない．

統合地理学というのは，今，私たちの社会の進むべき道を照らしてくれる唯一無二の学問と感じる．近年，年縞を使った研究は，学際研究として広く推進されている．たとえば，文化人類学的研究（青山ほか2014），災害研究（齋藤ほか2014），生物地理学的研究（Giguet-Covex et al. 2014）において進展している．年縞環境史は，核になる堆積コア研究と，それにつながる学問領域を統合させることではじめて，本当の姿をみせてくれるものである．そのためには，すべてを判断できる広い視野が必要である．私が地理学に出会わなかったらどうなっていたのか，想像することは困難である．ただひとつだけいえることは，私が日日研鑽

を積む年縞研究は，地理学を学ばなかったらできなかったことだけは確実である．

【参照文献】

青山和夫・米延仁志・坂井正人・高宮広土　2014.『文明の盛衰と環境変動』朝日新聞出版.

Bronk-Ramsey, C., Staff, R., Bryant, C., Brock, F., Kitagawa, H., van der Plicht, J., Schlolaut, G., Marshall, M., Brauer, A., Lamb, H., Payne, R., Tarasov, P., Haraguchi, T., Gotanda, K., Yonenobu, H., Yokoyama, Y., Tada, R. and Nakagawa, T. 2012. A Complete Terrestrial Radiocarbon Record for 11.2 to 52.8 kyr B.P. *Science* 338: 370-374.

EPICA community members 2004. Eight glacial cycles from an Antarctic ice core. Nature 429: 623-628.

Giguet-Covex, C., Pansu, J., Arnaud, F., Rey, P. J., Griggo, C., Gielly, L., Domaizon, I., Coissac, E., David, F., Choler, P., Poulenard, J. and Taberlet, P. 2014. Long livestock farming history and human landscape shaping revealed by lake sediment DNA. *Nature Communications* 5: 3211.

Jouzel, J. Masson, V., Cattani, O., Falourd, S., Stievenard, M., Stenni, B., Longinelli, A., Johnsen, S. J., Steffenssen, J. P., Petit, J. R., Schwander, J., Souchez, R. and Barkov, N. I. 2001. A new 27 ky high resolution East Antarctic climate record. *Geophysical Research Letters* 28: 3199-3202.

Kageyama, M., Paul, A., Roche, D. M. and Van Meerbeeck C. J. 2010. Modelling glacial climatic millennial-scale variability related to changes in the Atlantic meridional overturning circulation: a review. *Quaternary Science Reviews* 29: 2931-2956.

Kitagawa, J., Morita, Y., Makohonienko, M., Gotanda, K., Yamada, K., Yonenobu, H., Kitaba, I. and Yasuda, Y. 2016. Understanding the anthropogenic impact on Akita-sugi cedar (*Cryptomeria japonica*) forest in the late Holocene through pollen analysis of annually laminated sediment from Ichi-no-Megata, Akita, Japan. *Vegetation History and Archaeobotany* 25: 525-540.

北村 繁　1990. 男鹿半島目潟の形成年代．東北地理 42: 161-167.

中川 毅　2017.『人類と気候の10万年史』ブルーバックス（講談社）.

Nakagawa, T., Gotanda, K., Haraguchi, T., Danhara, T., Yonenobu, H., Brauer, A., Yokoyama, Y., Tada, R., Takemura, K., Staff, R., Payne, R., Bronk-Ramsey, C., Bryant, C., Brock, F., Schlolaut, G., Marshall, M., Tarasov, P., Lamb, H. and Suigetsu 2006 Project Members 2012. SG06, a fully continuous and varved sediment core from Lake Suigetsu, Japan: stratigraphy and potential for improving the radiocarbon calibration model and understanding of late Quaternary climate changes. *Quaternary Science Reviews* 36: 164-176.

North Greenland Ice Core Project (NGRIP) members 2004. High-resolution record of Northern Hemisphere climate extending into the last interglacial period. *Nature* 431: 147-151.

Okuno, M., Torii, M., Yamada, K., Shinozuka, Y., Danhara, T., Gotanda, K., Yonenobu, H. and Yasuda, Y. 2011. Widespread tephras in sediments from lake Ichi-no-Megata in northern Japan: Their description, correlation and significance. *Quaternary International* 246: 270-277.

Reimer, P. J., Baillie, M. G. L., Bard E., Bayliss, A., Beck J. W., Blackwell , P. G., Bronk Ramsey, C., Buck, C. E., Burr, G. S., Edwards, R. L., Friedrich, M., Grootes, P. M., Guilderson,T. P., Hajdas, I., Heaton, T. J., Hogg, A. G., Hughen, K. A., Kaiser, K. F., Kromer, B., McCormac, F. G., Manning, S. W., Reimer, R. W., Richards, D. A., Southon, J. R., Talamo, S., Turney, C. S. M., van der Plicht,

J., Weyhenmeyer, C. E. 2013. IntCal13 radiocarbon age calibration curves, 0-50,000 years cal BP. *Radiocarbon* 55: 1869-1887.

齋藤めぐみ・山田和芳・リチャード スタッフ・中川 毅・米延仁志・原口 強・竹村恵二・クリストファー ラムジー 2013. 水月湖ボーリングコアを用いた天正地震（AD1586）前後の湖底堆積物の分析. 地学雑誌 122: 493-501.

篠塚良嗣・山田和芳 2015. 年縞による縄文時代における気候変動.『津軽海峡圏の縄文文化』49-68. 雄山閣 .

Steffensen, J. P., Andersen, K. K., Bigler, M., Clausen, H. B., Dahl-Jensen, D., Fischer, H., Goto-Azuma, K., Hansson, M., Johnsen, S. J., .Jouzel, J., Masson-Delmotte, V., Popp, T., Rasmussen, S. O., Röthlisberger, R., Ruth, U., Stauffer, B., Siggaard-Andersen, M. L., Sveinbjörnsdóttir, A. E., Svensson, A. and White, J. W. 2008. High-resolution Greenland ice core data show abrupt climate change happens in few years. *Science* 321: 680-684.

鈴木三男 2002.『日本人と木の文化』八坂書房 .

徳川林政史研究所 2012.『森林の江戸学』東京堂出版 .

Yasuda, Y., Kitagawa, H., Yamada, K., Okuno, M. and Takahashi, M. 2017. *What Annually Laminated Sediments Reveal About the History of Environment and Civilization*. Springer Briefs in Earth System Sciences, Springer.

Yamada, K. 2017. Lake varves and environmental history. In *Multidisciplinary Studies of the Environment and Civilization: Japanese perspectives*, eds. Y. Yasuda and M. J. Hudson, 45-64. Routledge Press.

山田和芳・五反田克也・篠塚良嗣・斎藤めぐみ・藤木利之・瀬戸浩二・原口 強・奥野 充・米延仁志・安田喜憲 2014. 年縞編年学の進歩. 月刊地球 号外 63: 25-30.

Zolitschka, B. 2007. Varved lake sediments. In *Encyclopedia of Quaternary Science*, ed. S. A. Elias, 3105-3114. Elsevier.

⋯⋯

《考えてみよう》

> 湖底に堆積した年縞堆積物はカレンダー付きの環境記録である．ただし，そこには広域から湖沿岸までさまざまな空間スケールの情報が詰め込まれている．それらを整理してみよう．どのような情報からどのような環境変動が理解できるのか？

山田 和芳（やまだ＝かずよし）　ふじのくに地球環境史ミュージアム教授　e-mail: kazuyoshi2_yamada@pref.shizuoka.lg.jp　1974 年名古屋市生まれ．東京都立大学に入学し，大学院博士課程まで 10 年間にわたり自然地理学を学ぶ．博士（理学）．化学実験や生物観察より地図を眺めること，地層が見ることが好きだったため，地理学の道を選択．卒論研究以降，年縞を中心とする堆積物研究を展開．わずか直径 8 cm の円柱状サンプルから無限にひろがる地球環境や当時の人の暮らしを想像する面白さを知り，その仲間をつくるための学際研究を積極推進．現在は，環境史研究の傍ら，博物館活動を通じて，未来を豊かに生きるための新しいライフスタイルの普及につとめている．

Essay 1

イギリスとドイツでの年代測定研究生活

塚本 すみ子

> 日本の大学で助手をしていた筆者がイギリスに拠点を移し，その後ドイツに渡って終身雇用の職を得るまでの道のりを紹介します．

キーワード：研究生活，イギリス，ドイツ，年代測定

1 日本脱出

　2006 年 5 月，私は東京からロンドンに向かう機中にいました．数日前に約 11 年間在籍した首都大学東京地理学教室を退職し，イギリス，ウェールズのアベリストウィス大学の研究助手の職につくためでした．契約期間は 2 年．その後の研究人生がどうなるのかはまったく不透明でしたが，私の専門である堆積物の堆積年代をもとめるルミネッセンス年代測定の研究をおこなうためにはアベリストウィス大学は理想的な研究環境でした．当時，ルミネッセンス年代測定の日本での知名度はまだ低く，2003 年にようやく学内に自動測定装置を導入することができたものの，目まぐるしい速度で進歩を続けるルミネッセンス年代測定の研究をおこなうためには，最先端の研究がおこなわれているヨーロッパに身を置くことが不可欠だと感じていました．

2 アベリストウィス大学

　アベリストウィスはウェールズの西岸にある人口約 1 万 3,000 人の小さな大学町ですが（エッセイ図 1-1），アベリストウィス大学のルミネッセンス年代測定の研究室には，スタッフとして名誉教授のアン＝ウィントル，教授のジェフ＝ダラー，講師のヘレン＝ロバーツがおり（エッセイ図 1-2），6 台の自動測定装置

がありました．私の研究助手としてのテーマは二つあり，一つは火星の堆積物を年代測定するための基礎研究（欧州宇宙機関のプロジェクト），もう一つはザンビアの前・中期旧石器遺跡の年代測定というまったく異なる分野での年代測定でした．

アベリストウィス大学の地理学教室（正確には地理・地球科学教室－地理が先に来ることがイギリスにおける地理学の強さを物語っている）には毎年約 200 名の学生が入学してきます．東京にあり，国内では最大規模の地理学教室である首都大学東京の地理学教室の定員が 1 学年で 35 名ほどでしたので，これには驚きました．聞いてみるとイギリス人でも知らない人のほうが多いほど小さな町で，かつ交通の便も悪い（バーミンガムから列車で約 3 時間）立地のため，学生のリクルートにはとくに力をいれているとの

エッセイ図 1-1　アベリストウィスの街並み．

エッセイ図 1-2　筆者の歓迎会でのジェフとアン（2006 年 5 月）．

ことでした．たとえば，大学のオープンデーには入学に興味のある高校生と親御さんの交通費を支給し，学内の案内に必ず 1 人のスタッフがつくなどです．スタッフの出身・研究分野も多岐にわたっており，アンは学部も大学院も物理学が専門でありながら，地理学教室で教授の職を得ているほどで（彼女は圧倒的な業績のもち主ではありますが），うまく周辺分野を取り込みながら幅広い地理学を発展させているという印象をもちました．私自身は学部と修士で自然地理学を学び，博士課程で物理学科に移り，年代測定の基礎を学んだので，「塚本のやっていることは地理じゃない」という声を耳にすることがありました．日本では，これぞ地理学という典型的研究分野以外を排除しようとする傾向があるのではないでしょうか．

3 アフリカ調査

2006年の7月末から8月半ばにかけて，ジェフと，河川地形学が専門のスティーブン＝ツース（アベリストウィス大学），リバプール大学の人類学者であるラリー＝バーラムのチームとザンビアで3週間のフィールドワークをおこないました．ザンビア北部，タンガニーカ湖近くにあるカランボ川沿いの遺跡には，数多くの前期・中期旧石器を産出することで知られ，これらの石器はアフリカ大陸に60万年前から20万年前に生活していたハイデルベルグ人によるものと考えられています．とくにカランボ川沿いには前期旧石器から中期旧石器への移行が河川堆積物中によく保存されているため，堆積物の年代測定をおこなうことで，石器の様式の遷移の年代を求めることが期待されていました（エッセイ図1-3，エッセイ図1-4）．その後の堆積物のルミネッセンス年代測定の結果，この遷移の年代は年代測定法の上限に近く，30万年から50万年前というおおまかな年代しかもとめることができませんでしたが，フィールドワーク中は，テント生活で，高低差200 mのカランボ滝の直上で夕日を見ながら川で水浴びをおこない，薪の火で自炊をするなど，これまでの研究生活の中でもっとも印象に残る調査でした．

エッセイ図1-3　ザンビアのカランボ滝遺跡で調査地点に集まる子どもたち（2006年8月）．

エッセイ図1-4　カランボ滝遺跡で出土した手斧と筆者（2006年8月）．

4　イギリスからドイツへ

　アベリストウィス大学での2年間は，ルミネッセンス年代測定の手法研究の実験結果をジェフ，アンとともに定期的に内容の濃いディスカッションする日々で，研究者としてとても多くのことを学んだ期間となりました．また，研究室のメンバーと週末にもハイキングや食事にいくなど，研究以外の生活も充実していました．しかし，契約期間が2年間であったため次の仕事を探さなければなりません．そのため，とくに2007年には日本，イギリス，オーストラリアの大学など，多くの公募に応募しましたが，良い結果が得られないまま時間が過ぎていきました．契約期間が残り半年になろうとした2007年秋にドイツのハノーファーにあるライプニッツ応用物理学研究所（以下LIAG）のマンフレッド＝フレッヒェンがルミネッセンス年代測定の研究者を募集していることを知り，応募しました．イギリスには当時，私のほかにもう1人の日本人地理学研究者としてニューカッスル大学（当時）に中川 毅さんがおり，彼は水月湖の新しいコアの年縞研究に着手したところでいつも刺激を受けていました．面白いことに，ハノーファーでの公募の話をしたところ，中川さんからは「ドイツは塚本さんの運命の国になるような気がする」と言われていたのですが，その後，このポストに無事採用され，現在まで10年近くドイツにいることを考えると彼の予感は的中していたわけです．

5　語学について

　2008年の4月に北ドイツのハノーファーへ移りましたが，東京からウェールズの小さな大学町へ引っ越した時よりも，このヨーロッパ内での移動のほうが適応するのに時間がかかりました．ドイツでは（ベルリンなどの大都市では事情が異なるとは思いますが），研究者は英語を話すものの，職場でのテクニシャンや事務の人とのコミュニケーションや日常生活のほぼすべてにドイツ語が必須で，最初の頃は誰かにいつも英語で通訳をしてもらう必要がありました．ドイツでは，普通はドイツ語ができないと仕事をみつけるのは難しいのですが，語学学校での初心者のためのドイツ語のクラスは午前中にしか開講されておらず，すぐに語学学校に通うこともできませんでした．語学学校で相談をして半年ほどたったのち，学校から電話をもらい，あと2人の受講希望者がそろったところで，週3回，午後6時から8時半のドイツ語のレッスンを開始し，これを9カ月ほど続けました．

仕事をしながらの集中的なドイツ語学習でしたが，これですぐにドイツ語を話せるようになるわけでもありません．しかし，不思議なことにドイツに移って2年ほどたってから，マンフレッドと中国の学会に出張する道中，突然ドイツ語を話せるかも，と思える瞬間が訪れ，その後から研究所での日常会話がドイツ語に変わりました．2歳くらいの子どもが突然話しはじめるのと似ているのかもしれません（大人になってからの新しい語学習得なのでネイティブのようにはならないですが）．日本にいて英語を学んだときは，読み書きから始まり，研究者として海外の研究者と交流をするようになってから英語を話すことを身に着けたのに比べ，ドイツ語はドイツに生活の場を移してから必要に迫られて学んだ言葉なので，話すことが中心で，読み書きはいまだにあまり得意ではありません．しかし，ドイツ語を話せるようになって初めて研究所に多くいるテクニシャンたちときちんとコミュニケーションがとれるようになり，実験室の運営がスムーズにできるようになったと感じます．ヨーロッパでは，たとえ英語を流暢に話す人でも，メールなどの書いたものをみるとびっくりするほど書けないことに驚くことがあるのですが，話すことを中心に英語を学ぶとこうなるのか，と今は納得できます．

　一方，研究に使う言語は英語です．海外で活躍している日本人研究者の多くは，学部や大学院時代に留学を経験している方が多いように思いますが，私の場合は日本で教育を受け，就職もして10年以上たってからの遅い海外渡航でした．幸い，都立大学（首都大学東京）に在籍していた2000年にカナダ，2003年と2005年にデンマークの研究室に数か月滞在する機会があり，当初は憧れのようなものであった海外での就職という選択肢が徐じょに実現可能な目標になっていきました．

　イギリスに移った当初は，それまでよりも自分の英語が下手になったように感じることがありました．たとえば，アベリストウィス大学では，地理学教室のあるビルの最上階にティールームがあり，午前10時からお茶の時間があったのですが，私はこのティータイムが苦手でした．というのも彼ら（とくに大学院生など若い人たち）が何を話しているか聞き取れないことが多かったからです．また，ホームパーティーなどの場でも，自分に話しかけられていることは聞き取れても，皆が話していることについていけないことが多くありました．これを中川さんに話したところ，「international English と British English は違うんですよ」と言われ，

納得したことを覚えています．確かに，イギリスに生活の場を移すまで，私が体験した英語というのは国際会議や，海外の研究室で外国語として英語を使っている人との会話が中心でしたが，イギリスでほとんどネイティブスピーカーなので，違うのは当たり前というわけです．また研究者としては英語での読み書きの能力も必須です．読み書きに関しては，正確には比較できませんが，ネイティブだけではなく，英語圏以外のヨーロッパ人と比べても，数倍の時間がかかっていると感じます．とはいえ，研究者として科学論文を書くことはもちろん，最近では学術雑誌に投稿される論文の査読や，学位論文の審査をする機会も多く，締め切りはどんどんやってきます．読み書きのスピードは残念ながら簡単には早くならないので，この問題は長い時間働くことでカバーしているのが現状です．

6 研究の成功

LIAGでのプロジェクトは，ルミネッセンス年代測定の上限を拡大する新しい方法を開発し，さまざまな堆積環境の堆積環境に適用するというもので，私のほかに4名の博士課程の学生が採用されていました．ヨーロッパでは博士課程の学生は多くの場合，プロジェクトの資金で雇用されます．2008年当時は博士課程の学生が計8名いたところに，ルミネッセンス年代測定の装置が3台しかなく（現在は6台），私の役割は博士課程の学生の研究指導が中心で，自分自身で実験をすることは2年以上できませんでした．学生の出身地もドイツのほかに，ハンガリー，クロアチア，インドと国際色豊かでした．私と同じプロジェクトに採用された4名の博士課程の学生は皆とても優秀で，彼らが2010年に博士論文を提出した際には1人当たり5本から7本の論文がありました[注2]．また，長石をもちいた年代測定の手法を改良したThielほかの論文[注3]は，他の多くの研究者に利用されることとなり，引用件数が250回を超える成功作となりました．LIAG自体はどちらかといえばローカルなドイツ国内の研究所で外国人は少ないのですが，私たちの研究室にはドイツ国内や世界各地から研究者や学生さんが様ざまなプロジェクトの年代測定をおこなうためにやってきます．ルミネッセンス年代測定は石英と長石に適用でき，わずか数年から数十万年の年代範囲の堆積物の年代測定をおこなうことができますが，ケースバイケースで異なるテクニックを使う必要があります．このため，数多くのゲストや学生の研究指導をすることで，私自身はあら

ゆるケースの年代測定の手法を的確に選択して適用し，論文を完成させる経験を積むことができたと思います．多くのケースに対応できたのは，広い視野が必要とされる自然地理学を学んでいたからではないでしょうか．

またヨーロッパに拠点を移す動機となった，常に最先端の情報を得たいという当初の希望は，いつの間にか叶えられていました．年代測定の研究というのは，信頼できる年代測定のデータと最先端の研究論文を発表し続けることによってラボのリピュテーション（評価）が確立されていくものですが，LIAG のラボがプロジェクトの成功により国際的に認められるようになるとともに，他の多くの研究者とのネットワークも自然とできていました．

7 終身雇用と現在の研究生活

ドイツの公的機関では，研究者は多くの場合時限付きの採用で，通常は 5 年後までに終身雇用にならなければそれ以上の契約延長はない，というかなり厳しいルールがあります．私の場合は，同じ部門の終身雇用の研究者がオーストラリアの研究所に移ることになったため，5 年目の終わりに運よく終身雇用の公募があり，採用されて現在も LIAG で働いています．

ドイツの研究所で働くことの魅力の一つは，テクニシャンの数が多いことで（これは研究者の採用枠を狭くしている問題でもあるのですが），年代測定の試料処理は化学の専門学校を出たプロのテクニシャンがおこないます．また電気エンジニアや機械エンジニアも同じセクションにおり，装置が壊れたり，調子の悪いときはすぐに直してもらえますし，独自の測定装置を作って市販の装置ではできない特殊な測定をおこなうこともできます．

数年前からはルミネッセンス年代測定だけではなく，私の大学院時代の研究テーマだった電子スピン共鳴（ESR）年代測定の研究も再開しました（エッセイ図 1-5）．ESR 年代測定はルミネッ

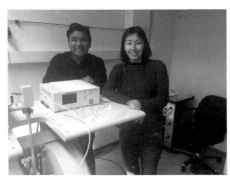

エッセイ図 1-5　ESR 測定室での筆者とデンマーク工科大学からのゲストのアミット＝クマール＝プラサド（2016 年 2 月）．

センス年代測定に比べ，古い試料にも適用できるため，二つの手法を組み合わせることにより，より広い範囲の年代測定が可能になります．また，石英や長石だけでなく，サンゴや貝などの化石や有機物にも用いることができ，年代測定に用いることのできる試料の範囲も広がりました．現在は，堆積物の年代測定のみではなく，岩石の冷却速度をもとめる熱年代学に取り組んでおり，スイスの大学との共同研究で日本アルプスの隆起や侵食の速度を詳細に復元する研究に携わっているところです．

エッセイ図 1-6　グラスゴー大学チャペルでの竹内さんのコンサート（2015年7月）．

　まったく異なる分野の研究に ESR が役立ったこともありました．イギリスで知り合ったロンドン在住の古楽器奏者，竹内太郎さんから，バロック時代の弦楽器（バロックギターなど）に残っている弦の年代測定はできませんか，という相談があり，やってみることにしたのです．ギターの弦は現在ではほとんどがナイロン製ですが，元来は羊などの動物の腸から作られます．動物の腸には血液のヘモグロビンに含まれる鉄分が残っています．この鉄は2価の Fe^{2+} なのですが，ガットが作られて時間が経つと3価の Fe^{3+} に変化します．ESR では放射線をあびてできる信号のほか，遷移金属の検出にも有効で，Fe^{3+} の信号を測定することができます．最近のガット弦や18世紀に作られた楽器に残っていた弦の鉄信号を比較したところ，古い楽器の弦ほど強い鉄信号が観測され，ESR でガット弦の年代測定ができることがわかりました．この成果をイギリス，グラスゴーで開かれたルミネッセンス・ESR 年代測定学会で発表しようとしたところ，主催者のデービッド＝サンダーソンの計らいで大学のチャペルで竹内さんのコンサートが学会期間中に開催できることになりました．このコンサートは一般にも公開されて大盛況となりました（エッセイ図 1-6）．

8 むすび

　このエッセイでは私個人の研究者としての経験をつづらせていただきました．本書のテーマとなっている俯瞰自然地理学的な視点は，私の場合，異なる分野の教育を受ける機会があったこと，年代測定の研究ではさまざまな分野の研究者と異なる年代測定のプロジェクトに関わる必要性があったことにより，自然と培われてきたものであるようです．

【注】
1) ルミネッセンス年代測定とは，石英や長石が天然に存在するウラン，トリウム，カリウムなどからの自然放射線をあびることで鉱物中に蓄積されたエネルギーを光として検出して年代測定をおこなう方法で約 10 年前から 30 万年前程度までの年代を測定できる．
2) 大陸ヨーロッパでの博士論文は，cumulative といって3編以上の公表された論文（受理されたものや投稿中のものも含む）に序論と結論をつけた形式のことが多い．しかし，通常は3編論文を書くことができればよく，地球科学分野で 5～7 編の論文を博士課程の 3 年間で書く例はまれである．
3) Thiel, C., Buylaert, J. P., Murray, A., Terhorst, B., Hofer, I., Tsukamoto, S. and Frechen, M. 2011. Luminescence dating of the Stratzing loess profile (Austria) —Testing the potential of an elevated temperature post-IR IRSL protocol. *Quaternary International* 234: 23-31.
4) ルミネッセンス年代測定と同様に，自然放射線で増加する不対電子を検出する年代測定法．石英を用いる場合はルミネッセンス年代測定法よりも古い約 100 万年までの年代測定が可能と考えられている．

塚本 すみ子(つかもと＝すみこ)　ライプニッツ応用物理学研究所（ドイツ）　北九州市生まれ．東北大学理学部地理学教室，同大学院修士課程を修了し，大阪大学大学院理学研究科物理学専攻で学位を取得．東京都立大学理学部地理学教室（現首都大学東京）助手，アベリストウィス大学研究助手などを経て現職．専門はルミネッセンスおよび ESR 年代測定．

【おもな論文】
Tsukamoto, S., Kondo, R., Lauer, T., Jain, M. 2017. Pulsed IRSL: A stable and fast bleaching luminescence signal from feldspar for dating Quaternary sediments. *Quaternary Geochronology* 41: 25-36.

Tsukamoto, S., Toyoda, S., Tani, A., Oppermann, F. 2015. Single aliquot regenerative dose method for ESR dating using X-ray irradiation and preheat. *Radiation Measurements* 81: 9-15.

Tsukamoto, S., Murray, A. S., Ankjærgaard, C., Jain, M., Lapp, T. 2010. Charge recombination process in minerals studied by optically stimulated luminescence and time-resolved exo-electron emission. *Journal of Physics D: Applied Physics* 325502 (9pp).

第12章　地形用語の分かりにくさ
統合自然地理学における地形用語の問題点

山田 周二

> 最近，地形用語が社会で誤用されているという指摘が，いくつかの学会においてなされている．理解が容易な用語であれば，誤用される可能性は小さいであろうから，誤用されるということは，用語に問題があるのではないか．

キーワード：地形用語，扇状地，形態用語，成因用語

1　はじめに

　統合自然地理学は，さまざまな分野を横断したものであり，多くの学問分野に対する理解が不可欠である．多くの学問分野を理解するためには，それぞれの学問分野で用いられている用語は，理解しやすいものであることが望ましい．地形学や気候学といった，個別の分野のみを対象とした学問体系であれば，その分野を深く理解するための機会が十分に得られるであろうから，たとえ分かりにくい用語があったとしても，いずれは，正しい理解に至ることが期待される．しかし，分野を横断しようとすると，それぞれの分野を十分に理解するだけの機会は得られないかもしれない．したがって，理解しやすい用語を整備することが，より広い分野に対する理解を必要とする統合自然地理学には，重要になるであろう．

　自然地理学の一分野である地形学の用語の中には，分かりにくいものも含まれているかもしれない．最近，地形に関わる用語について，学界から一般社会に向けた取り組みが，いくつかおこなわれている．日本地形学連合は，2017年4月に「社

会と地形学のコミュニケーション―地球環境変動・自然災害と地形用語―」と題したシンポジウムを開催した[注1]．また，日本地球惑星科学連合は，2017 年 5 月に「学校教育における地球惑星科学用語」と題した，用語を対象としたセッションが開かれた[注2]．このような，地形に関わる用語と一般社会との関係を主題としたシンポジウムが開催されるということは，地形用語が学界の外では，十分に理解されていないことを示唆する．実際，日本地理学会災害対応委員会は，2016 年にインターネットで公開した「防災における地形用語の重要性」と題した文書において[注3]，防災に関わる地形用語の中には，誤用が目立つものがあることを指摘している．

このような問題が発生する背景は単純ではない．教育や普及啓蒙活動が十分ではないことも一因かもしれないが，用語自体に問題がある可能性もある．誤解を招きやすい用語であっても，学界内部の人間であれば，理解するために必要な機会が十分にあるため，問題にはなりにくい．しかし，理解するための十分な時間や機会が得られない専門外の人びとにとっては，適切ではない地形用語があるのかもしれない．

本章では，地形用語の一部には，地形学の専門家以外にとって，理解が容易ではないものがあることを示す．まず，分かりにくい用語の事例をいくつか取り上げ，どのように分かりにくいかを示した．次に，分かりにくい理由を，その背景となる地形学との関係から説明した．そして，どのような改善が可能であるかを検討した．

2　分かりにくい地形用語の事例

分かりにくい地形用語の事例として，まず，扇状地を取り上げる．扇状地は，2017 年度に使用されている，すべての中学校社会科および高等学校地理の教科書に掲載されており，非常に知名度の高い地形用語である．しかし，知名度が高いからといって，正しく理解されているとは限らない．藤永（2015）は，教員養成系学部の学生に対するアンケート結果から，扇状地の名前と形状に対する知識はもっているものの，その形成プロセスは，あまり理解されていないことを報告している．私も教員養成大学に勤務しており，そこでの教育経験から，藤永（2015）と同様の感想をもっている．このような，扇状地に対する学生の不十分な理解の一因は，以下に記すような，用語の問題にあるのではないか．

扇状地という用語は，字面（じづら）から推測される見かけの意味と定義との齟齬が非常に大きい．扇状地は，字面からすると扇形の土地を示すように推測できる．たしかに扇形であることは，扇状地の一面ではあるが，扇形の土地が，すなわち扇状地というわけではない．扇状地は，形態（扇形），位置（山地と平野の境界），成因（河川による）によって定義がなされている（斉藤 2006；日本地形学連合 2017）．形態も一つの要素ではあるものの，形態だけで定義されているわけではない．したがって，扇形ではあるものの，扇状地ではないという地形が存在する．たとえば，ナイルデルタは，非常にきれいな扇形をしているが，扇状地ではなく三角州である（図 12-1）．このように，どれだけきれいな扇形であっても，位置と成因とを満たさなければ，扇状地にならない，という点が分かりにくい一因である．

さらに，扇形ではないものも扇状地と呼ぶ場合があることも，分かりにくさに拍車をかけている．国土地理院発行の土地条件図は，地形を分類した地図であり，

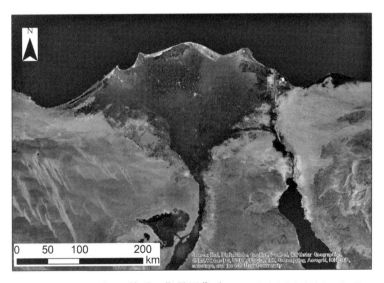

図 **12-1** ナイル川河口付近の衛星画像（Source: Esri, DigitalGlobe, GeoEye, i-cubed, USDA, USGS, AEX, Getmapping, Aerogrid, IGN, IGP, swisstopo, and the GIS User Community）．南から北へと流れるナイル川は，海岸付近に，きれいな扇形をした堆積地形を発達させているが，これは扇状地ではない．

Webサービスである地理院地図[注4]でも公開されているため，現在のところ，もっとも容易に利用可能な地形分類図である．この土地条件図では，扇状地も示されているが，その説明[注5]では，「河川が山地から平地に出た地点に砂礫が堆積してできた地形」となっており，形態によっては定義されていない．実際，扇形ではない地形も，土地条件図では扇状地として分類されている（図 12-2）．

以上のように，扇状地は，形態以外のものを重視して定義がなされているにも関わらず，扇状という，形態を表す漢字で命名されている点が，分かりにくさの大きな要因である．このような，見かけの意味と定義との齟齬は，他の地形用語にも認められる．

砂丘と自然堤防も，扇状地と同様に，見かけの意味と定義との齟齬によって，理解が容易ではない用語である（図 12-3）．砂丘と自然堤防とでは成因が異な

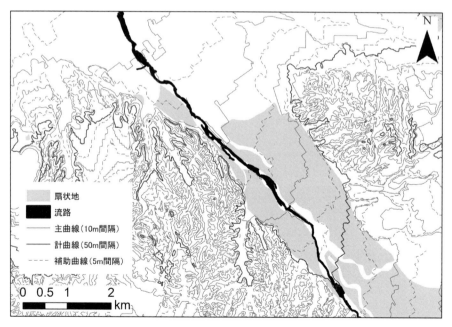

図 12-2　滋賀県日野川周辺の扇状地（国土地理院発行「数値地図 25000（土地条件）」およびESRIジャパン発行「ArcGIS Geo Suite 地形」により作成）．薄い灰色で示した扇状地が，日野川の流路に沿って分布するが，その平面形は扇形ではないし，そこでの等高線も扇形ではない．

り，砂丘は風成であるのに対して，自然堤防は河成である（日本地形学連合編 2017）．一方，形態はどちらも類似しており，丘または堤防状の高まりである．また，構成物質も類似しており，どちらも砂質である場合が多い．以上のように，両者は成因が異なり，形態と構成物質がよく似ているものの，形態と構成物質とで命名されている．このため，見かけの意味からすると，両者を区別するのは難しい．実際，これら二語について，日本地理学会災害対応委員会（2016）は，災害に関わる報道において誤用されている，と指摘している．

以上のほかにも，形態を表わすように見えて，成因で定義されている用語は多数ある．三角州や楯状地，卓状地などがその顕著な例である．このような用語法が地形学においてなされている背景を次節でみよう．

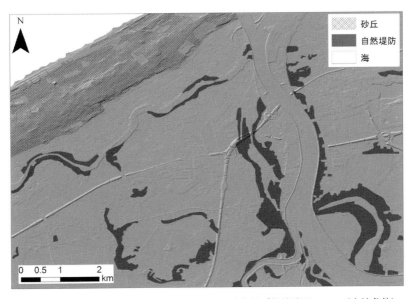

図 12-3　新潟平野の砂丘と自然堤防（国土地理院発行「数値地図 25000（土地条件）」および ESRI ジャパン発行「ArcGIS Geo Suite 地形」により作成）．砂丘は，図の北西部にある海岸線に沿って発達しており，自然堤防は河川の流路または旧流路に沿って発達している．砂丘は直線的で幅は 1 km を超えるのに対して，自然堤防は湾曲しており幅は数百 m 程度である．このように，砂丘と自然堤防とでは，形態は異なるし成因も異なるものの，用語には，その違いは反映されていない．砂丘も自然堤防も，どちらも丘といっても堤防といっても間違いではないし，どちらも主に砂で構成されている．

3　地形用語の分かりにくさの背景

　私が，上記のような地形用語の分かりにくさに気づいたのは，教員養成大学で地形学を専門としない学生を相手とする教育に携わって，しばらくしてからである．それ以前に地形学を専門とする研究室に所属していた頃は，そのようなことを考えることもなかった．同様に，地形用語の分かりにくさを，地形学の専門家は十分には自覚していないかもしれない．それは，地形用語には，見かけの意味と定義との間に齟齬があったとしても，一度理解してしまえば，さまざまな意味を，単純な用語で表せるという利点があるためである．この利点については，鈴木（1997）が分かりやすく説明しているので，以下に引用する．

　「扇状地は，山地から河川によって運搬されてきた砂礫が谷口から下流の平地に堆積したために形成された地形種であり，谷口から下流に向かって扇形に広がり，かつ低下して，下流ほど緩傾斜になる平滑な地表面であり，谷口を中心として同心円的に配置する等高線群で表され，その河川とほぼ同じ高度（やや高いが）をもっている．このような特徴をもつ一定範囲の地形についてその特徴をすべて列記して記述すると，たとえば『谷口緩傾斜凹型尾根型河成砂礫堆積現成面』ということになる．これでは，"とてもやってはいられない"から，地形学者はこれに扇状地（正式には沖積扇状地とよび，河川の形成した扇状地のみを指す）という簡単な名称（地形種名）を与えているのである．」

　この文章の前半と後半にでてくる「地形種」という考えは，この文章の著者の鈴木隆介氏によって提唱されたものであり，扇状地は地形種の一つである．鈴木（1997）は，地形用語には，山や尾根，谷といった形態のみを表す形態用語と，扇状地のような，成因によって定義された成因用語とがあることを示した．そして，前者（形態用語）を「地形」，後者（成因用語）を「地形種」，と呼ぶことを提唱した．この考えに従えば，「地形」については，見かけの意味で大きな誤解はないのに対して，「地形種」については，見かけの意味と定義とでは大きく異なる可能性がある，と判別をすることができる．ただし，現在のところ，地形種という考え方は，初学者向けの教科書に必ず説明されるほど普及しているわけではないため，注意すべき用語か否かを，「地形」であるか「地形種」であるかで判別できるわけではない．

　地形と地形種のうちで，地形学が重視するのは地形種である．鈴木（1997）の

上記の引用文を含む節のタイトルは「地形と地形種―アマとプロ―」となっており，文章中では「アマとプロ」が何を指すかは明示されていない．とはいえ，文脈からは，形態のみをみるのはアマであり，成因を十分に理解するのがプロであることを示唆することが読み取れる．このことは，地形学の主要な関心が，形態ではなく成因にあることを示す．このような成因重視は，地形学の学問体系に起因すると考えられる．

　地形学の主要な構成分野は，地形変化のメカニズムを追求する地形営力論（プロセス論）および，地形の歴史的な成り立ちを追求する地形発達史である（貝塚 1998）．これらは，いずれも地形の形態ではなく，成因を重視する．たとえば，扇状地については，地形営力論であれば，扇状地を構成する土砂が，いかなるプロセスで運搬され堆積したか，という点が主題となり（たとえば，奥田・諏訪 1984），地形発達史では，扇状地を構成する土砂が，いつ，どれくらい堆積したか，という点が主題となる（たとえば，平川・小野 1974；斉藤 1983）．このような，成因重視の学問体系を反映して，地形用語の定義も，成因が重視されているものと考えられる．

　地形の形態を主題にした研究も，古くからおこなわれてはいる．たとえば，扇状地については，その等高線形状と山麓線との関係を論じた研究が，日本の地形学の草創期に，すでにおこなわれている（村田 1931）．また，近年では，地理情報システムおよび数値標高データの整備にともなって，地形を定量的に計測する研究は盛んになりつつあり，扇状地についても，数値標高データを用いた，広域かつ詳細な傾斜の分析がおこなわれている（Saito and Oguchi 2005; Hashimoto *et al.* 2008）．数値標高データは，今後さらに整備が進むことが予想され，さらに，それを分析するハードウェアもソフトウェアも，進歩するであろうから，将来的には，形態を主題とした地形研究が，地形学の主要な構成分野となる可能性はある．とはいえ，現状では，成因に関わる研究が主流であり，少なくとも当面は，地形用語が成因によって定義される状況が変わることはないであろう．

4　改善のための方策

　地形用語の分かりにくさを，直ちに解消することは困難である．なぜなら，用語を定義して使用する地形学の専門家にとっては，その動機が弱いからである．

複雑な成因を一言で言い表わせる，現状の地形用語は，それを十分に理解している地形学の専門家にとってはたいへん便利なものである．しかし，それは，専門外の人びとにとっては理解しやすいとは限らない．広い分野に渡っての理解が不可欠な統合自然地理学にとっては，少しでもそれを解消させる必要がある．

現状で，地形用語の分かりにくさを，少しでも解消する方策としては，以下の二つが考えられる．一つ目は，説明を詳しくすることであり，二つ目は，用語を修正することである．

一つ目は，当面の方策である．地形学の専門家が，専門外の人に誤解を与えないようにするためには，定義とはかけ離れた見かけの用語を使用している可能性があることを自覚して，丁寧に詳しく説明する必要がある．鈴木（1997）が，"とてもやってはいられない"と記したように，そのような説明は，地形学の専門家には，きわめて冗長に感じるかもしれない．しかし，地形用語によっては，専門家は成因のことを話したつもりであっても，それを形態の話と受け取られる可能性がある．扇状地のように見かけ上は形態を表わす用語については，できる限り用語を使用せずに説明すると，誤解を避けることはできるのではないか．

二つ目は，長期的な方策である．従来の地形用語において，形態のあつかいには，曖昧な部分があった．たとえば，扇状地がどの程度扇形であるか，といった点については，厳密なものではなかった．このため，地形分類をおこなう場合は，空中写真や地形図から，様ざまな要素を勘案して，分類がおこなわれていた．その一方で，近年，地理情報システムと数値標高データを用いた地形の自動分類に関する研究が進められるようになった（たとえば，Iwahashi and Pike 2007; Dragut and Eisank 2012）．この場合は，コンピューターによる自動分類ができるように，形態の厳密な定義が必要になる．現状では，あらゆる地形を，数値標高データから分類できるわけではないが，いずれは，それが可能になるかもしれない．そうなった場合に，あるいは，そうなる過程で，おそらく用語の見直しが必要になるであろう．従来の成因によって定義された地形は，おそらく，かなり幅広い形態を含むため，数値標高データに基づく地形分類とは，必ずしも一致しない場合が出てくると予想される．そうなった場合に，定義と用語を見直す必要に迫られるのではないか．その時には，地形学の専門外の人びとにとっても，理解しやすいような用語に修正できれば，この問題は改善されるものと期待される．

5 おわりに

　地形用語の分かりにくさは，将来改善される可能性はあるものの，当面は，劇的に解消するとは考えにくい．このため，地形学を専門としない人が地形学を理解しようとする場合は，用語の字面に惑わされないように注意することが重要である．一方，地形学の専門家が，専門家以外の人に対して地形用語を用いる場合は，誤解を与えやすい用語を使用していることを自覚することが重要である．「熱帯」という用語であれば，何も説明しなくても，少なくとも熱い地域であるということは，字面から伝わるであろう．しかし，「扇状地」という用語から，河川であるとか，山麓であるとか，粗粒であるとか，といった字面とはまったく関係ない事柄だけではなく，場合によっては扇状ですらないといった字面に反する事柄までを伝えるためには，丁寧な説明が必須であろう．

【注】
1) https://www.facebook.com/japanesegeomorphologicalunion/posts/1246855448696072（最終閲覧日：2017 年 6 月 30 日）
2) https://confit.atlas.jp/guide/event/jpguagu2017/session/O02_21AM2/detail?lang=ja（最終閲覧日：2017 年 6 月 30 日）
3) http://www.ajg.or.jp/disaster/files/2016!0Bousai_Yougo.pdf（最終閲覧日：2017 年 6 月 30 日）
4) https://maps.gsi.go.jp/（最終閲覧日：2017 年 6 月 30 日）
5) https://maps.gsi.go.jp/legend/lcm25k_2012/lc_legend.pdf（最終閲覧日：2017 年 6 月 30 日）

【引用・参照文献】
Dragut, L. and Eisank, C. 2012. Automated object-based classification of topography from SRTM data. *Geomorphology* 141/142: 21-33.
藤永　豪　2015．中高地理教育における自然地理領域と人文地理領域の融合的理解に関する課題―教員養成系学部を中心とした大学生への"扇状地"に関するアンケート結果をもとに―．佐賀大学文化教育学部研究論文集 20：120-133.
Hashimoto, A., Oguchi, T., Hayakawa, Y., Zhou, L., Saito, K. and Wasklewicz, T. A. 2008. GIS analysis of depositional slope change at alluvial-fan toes in Japan and the American Southwest. *Geomorphology* 100: 120-130.
平川一臣・小野有五　1974．十勝平野の地形発達史．地理学評論 47：607-632.
Iwahashi, J. and Pike, J. 2007. Automated classifications of topography from DEMs by an unsupervised nested-means algorithm and a three-part geometric signature. *Geomorphology* 86: 409-440.
貝塚爽平　1998．『発達史地形学』東京大学出版会．
村田貞蔵　1931．扇状地形態に関する理論的考察．地理学評論 7：569-586.
日本地形学連合編　2017．『地形の辞典』朝倉書店．

日本地理学会災害対応委員会　2016．防災における地形用語の重要性．http://www.ajg.or.jp/disaster/files/201610Bousai_Yougo.pdf（最終閲覧日：2017 年 6 月 30 日）
奥田節夫・諏訪 浩　1984．扇状地における流出土砂の堆積の観測事例．芦田和男編『扇状地の土砂災害』45-80．古今書院．
斉藤享治　1983．扇状地の形態・構造分析による岩屑供給量と河床変化の時代変遷．地理学評論 56：61-80．
斉藤享治　2006．『世界の扇状地』古今書院．
Saito K. and Oguchi T. 2005. Slope of alluvial fans in humid regions of Japan, Taiwan and the Philippines. *Geomorphology* 70: 147-162.
鈴木隆介　1997．『建設技術者のための地形図読図入門 第 1 巻』古今書院．

....

《考えてみよう》
　この章で扱われている地形用語の問題は形態にかかわる問題である．地質学（岩石という物質を扱う）と気象学（目に見えない大気現象を扱う）での用語問題とは，どのようなちがいがあるのだろうか？

山田　周二 （やまだ＝しゅうじ）　大阪教育大学教授　1968 年三重県伊賀市生まれ．三重大学人文学部在学中に，登山を介して岩田修二先生に出会い，地形学の世界に導かれる．以後，筑波大学および北海道大学の環境科学研究科で大学院生活を過ごし，山地の地形研究を進める．大学院修了後に，地形の形態研究を始め，東京都立大学理学部地理学教室に助手として勤務して，形態研究を進める．その後，大阪教育大学に赴任して，教育学部の学生と接することによって，分かりにくい用語などの地形学や地理学の様ざまな問題点に気づき，地理教育に関わる研究を進めている．著書に『高等学校学習指導要領解説地理歴史編』（教育出版 共著），『ジオ・パル NEO（第 2 版）：地理学・地域調査便利帖』（海青社 共著）．

Essay 2
自然地理学の編集とスケッチ

小松 美加

> 自然地理学の本には，図や写真がつきものである．大量の図や写真の取り扱いには苦労したが，そこから自然地理学の面白さに気づかされた．スケッチは俯瞰的見方のきっかけになる．

キーワード：『写真と図でみる地形学』，図，写真，「SoKa 帖」

いまをさること 40 年以上前の昔話になるが，私は大学では分子生物学（そのころは生化学と呼んでいた）を専攻していたので，まさに自然科学というのは分析的手法，要素還元的なアプローチが当たり前だろう，という感覚しか持っていなかった．DNA からタンパク質合成，機能発現にいたる，ほとんどすべての生物に共通する仕組みはなんとすごいのだろうと，それにくらべて岩石や鉱物を扱う地学は何か味気なく固くてつまらなそうと思い込んでいた．

縁あって，現在に至る出版社（東京大学出版会）に就職し，さまざまな分野の本の編集を担当させてもらったが，入社後わりとすぐにまかされたのが『写真と図でみる地形学』の編集だった．編者を率いる貝塚爽平先生が「あなたがこの本の編集を担当してくださるんですね」と満面の笑みで歓迎してくださったのはうれしかったが，なにせこちらは「なぜ，同じような場所の写真が何枚もあるのだろう？」と空中写真の立体視のこともまるで知らない体たらくである．今思えば，あれだけ図や写真満載の，しかも 2 色刷りの本を，地理学を全く知らない新人にいきなりまかせるという上司もかなり大胆であった．

貝塚先生はじめ，太田陽子，小疇 尚，小池一之，野上道男，町田 洋，米倉伸之（敬称略）と並ぶ 7 人の編者の先生方による編集会議は，ある人をして「むちゃくちゃおそろしい史上最強のゼミ！？」と言わせたように，提出された第一次原稿を徹

底的に読み込んで意見を戦わせるものだった．そのような場の末席に臨席させていただいていると，まったく知識のなかった地形学についても，おぼろげながらだんだん姿が見えてくる．

周氷河地形はまず形や名前が面白い．甘食のような形のピンゴ，もこもこしたアースハンモック．ダイナミックな火山地形の数かず．ちょうど三宅島の 1983 年の噴火が起こったときで，溶岩流やタフリングも出現してわくわくした．学生時代にオリエンテーリング部に所属していたため，もともと地図は好きだったので，そのころは珍しかった諸外国の地図，とくにスイスやニュージーランドの美しい印刷の地図に目を奪われた．立体視のやり方も教えていただいて，裸眼立体視ができるようになると，ますます面白くなってきた．先生方から聞かされたそれぞれのフィールドでの冒険談？も楽しく，まだ見ぬ地へいつか行ってみたいものだと思うようになりはじめた．

膨大な数の図や写真のハンドリングは本当に大変だったが（まえがきを改めて読むと編集に 5 年間もかかっていた！），おかげさまで版を重ねてロングセラーの教科書となり，またこの仕事でご一緒した編者の先生方が，そのままシリーズ『日本の地形』の全巻編集委員メンバーにつながっていった．私にとっては，無味乾燥な岩や石ころの世界ではなく，侵食や風化や変形や植生によって形づくられてきた地形の魅力に取り込まれたきっかけとなった本になる．

この『写真と図でみる地形学』ほどではないが，自然地理学の本は図や写真が多いのが普通である．文字中心の文系の本と比べれば，大量の図や写真の扱いには苦労するし，時間もかかる．いまでこそ，著者自身がコンピュータソフトを用いて美しい図を描いてくださるので，一見トレースの労がなくなって楽になったように思えるが，さて逆にその図がいったい何を表現しようとしているのか，つかめない図が最近多いような気がしている．パワーポイントに入れられるだけの情報を詰め込んだ図，シミュレーション結果を並べただけの図，などが散見される．生のデータをできるだけ正確に記載する論文の図と，概念や主張を整理して伝える書籍の図とは，また違うというところも大切なポイントかもしれない．図で伝えたい概念は何か，それをうまく抽出して，しかも図の表現としてわかりやすく美しく示すこと，これはコンピュータであろうが手書きであろうが，変わらない重要な点である．

エッセイ表 2-1　筆者が編集に携わった書籍のリスト（地理・地形・地質分野の主要書）

『書名』，筆頭著者または編者，刊行年
『空中写真による日本の火山地形』日本火山学会，1984
『湿潤変動帯の地形学』吉川虎雄，1985
『写真と図でみる地形学』貝塚爽平ほか，1985
『グローバルテクトニクス―地球変動学』杉村 新，1987
『日本第四紀地図』日本第四紀学会，1987
『火山とプレートテクトニクス』中村一明，1989
『新編日本の活断層―分布図と資料』活断層研究会，1991
『火山灰アトラス―日本列島とその周辺』町田 洋・新井房夫，1992（新編 2003）
『世界の地形』貝塚爽平，1997
『発達史地形学』貝塚爽平，1998
『活断層詳細デジタルマップ』中田 高・今泉俊文，2002（新編 2018）
『全地球史解読』熊澤峰夫ほか，2002
『進化する地球惑星システム』東京大学地球惑星システム科学講座，2004
『日本の地形』全 7 巻 貝塚爽平ほか，2000〜2006
『地球史が語る近未来の環境』日本第四紀学会ほか，2007
『プレートテクトニクスの拒絶と受容―戦後日本の地球科学史』泊 次郎，2008
『日本列島の地形学』太田陽子ほか，2010
『日本の液状化履歴マップ 745-2008』若松加寿江，2011
『氷河地形学』岩田修二，2011
『地球表層環境の進化―先カンブリア時代から近未来まで』川幡穂高，2011
『世界の火山地形』守屋以智雄，2012
『地質学の自然観』木村 学，2013
『統合自然地理学』岩田修二，2018

　また昔話になって恐縮だが，そのアナログの時代に編集した『新編 日本の活断層』や『日本第四紀地図』の図や付図はすべて手書きであった．いまでは信じられない話だが，断層線や火山灰等厚層線の 1 本 1 本，地形面の区分，震源分布など，図の得意な地理の大学院生にアルバイトに入ってもらって，繊細な線や表現をたくさん描いてもらった．『日本第四紀地図』は，ある人曰く「24 種類の混ぜご飯の上にトッピングとふりかけを数種類載せたようなもの」と言われたくらい複雑なものだったが，先生方と印刷所とアルバイトとデザイナーのおかげで，美しい色合いのわかりやすい図とすることができた．

　自然地理学の先生方はそういった図を描くのが上手なだけでなく，絵心のある方も多い．前述の貝塚先生のスケッチは有名で，先生が古希の記念に配られた小冊子「SoKa 帖」にはたくさんのスケッチが収められている．その中に，オアフ島北東の山脈がどのような形で雲を作るか，を描いたものがあり，そばにいた松

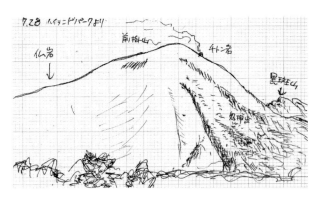

1995年7月 浅間山巡検にて

田時彦先生に「地理の人は空も見るのですね」と言われたこともあった，とある．

　貝塚先生におよぶべくもないが，私もまねをして旅行にでかけたときなどにスケッチブックを広げてみると，これがまた面白い．簡単なスケッチでもスケッチブックに写し取るにはそれなりの時間がかかるわけで，あれここはこんな形をしている，あそこには森がある，おや光が変わってあそこが見えてきた，などなど時間を忘れて没頭してしまう．観光地で「わーきれいねー」とカメラで写してハイ終わりでもなく，ただぼーっと眺めているわけでもなく，その風景のすみずみまでを深く記憶に刻み込むような体験となるのに驚いた．粗忽ものの私は，うっかり旅の途中でそのスケッチブックを紛失してしまったのだが，いまでもスケッチした風景ははっきりと眼前に蘇ってくる．

　ややこじつけかもしれないが，本書のテーマである総合的・俯瞰的な自然の捉え方は，スケッチからはじめるのも一手なのかもしれない．俯瞰的な視点をもって対象をすみずみまできちんと見ること，地形だけでなく空や川や植生までを総合的に見ること．もちろん，地形学者と何とかは高いところが好き！なので，必ず飛行機では窓側の席をとり，窓にへばりついてずっと地形を「俯瞰」している捉え方も大事には違いない．

小松　美加（こまつ＝みか）　東京大学出版会編集局長　1981年千葉大学薬学部卒業，以来，東京大学出版会編集部で理系の書籍の編集に携わる．

第13章　【調査】カクネ里雪渓学術調査団による統合自然地理学的調査

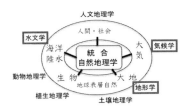

福井 幸太郎・飯田 肇

今西錦司が発見し，五百沢智也が氷河の可能性について調査した鹿島槍ヶ岳のカクネ里雪渓は，日本の多年性雪渓の中で，もっとも氷河に似ているといわれていた．2014年に結成されたカクネ里雪渓学術調査団は，五百沢の調査以降60年以上にわたって研究者の入山を拒んできたこの雪渓で，氷河の可能性を探る観測をはじめた．

キーワード：五百沢智也，今西錦司，飛騨山脈，カクネ里雪渓，氷河，流動

1　はじめに

　統合自然地理学の実践例として2014年に結成されたカクネ里雪渓学術調査団の活動について紹介する．ここでは，立山カルデラ砂防博物館（以下カルデラ博と略す）単独での調査からカクネ里雪渓学術調査団結成，氷体の流動観測成功に至る道のりについて報告する．調査団の活動概要は西田・鹿島槍ヶ岳カクネ里雪渓（氷河）学術調査団（2017）にまとめられている．また，観測結果の詳細は福井ほか（2018）と福井・飯田（2018）で述べた．

　カクネ里雪渓は，飛騨山脈の後立山連峰にある鹿島槍ヶ岳北東面の八峰キレットと天狗尾根に挟まれた幅が広いU字谷の底を埋めて800m程のびている扇形の多年性雪渓である（図13-1）．下限から上限の標高は1,795〜2,160m，面積は約9ha．扇の柄にあたる部分がラテラルモレーンに挟まれて下流側に細長くのびている（図13-2）．冬季に周囲のルンゼや岩壁から発生する雪崩で涵養される雪

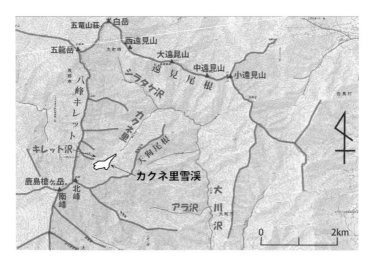

図 13-1 カクネ里雪渓の位置.

図 13-2 カクネ里雪渓の全景. 2013年10月14日ヘリコプターから撮影.

崩涵養型雪渓である（五百沢 1979）．

　戦前の 1930 年に山岳研究家としても著名な今西錦司が現地調査をおこない「まったく氷河上の現象そのまま」の氷塊を発見し（今西 1933），地理学者の五百沢智也が 1955～58 年にかけて現地調査を 4 回行い，秋になると汚れ層の縞模様やクレバス，ムーラン，網状の融氷水路といった「氷河景観と言って良いほどの氷塊の世界」が広がることを確認した（五百沢 1959, 1979）．

日本の氷河・雪渓研究史上極めて重要な多年性雪渓であるが，カクネ里雪渓には登山道が通じておらず，調査シーズンである9～10月になるとアプローチの途中にスノーブリッジの崩落が多発する箇所があるため近づけなくなる．このため，五百沢の研究以降，約60年間研究がおこなわれていなかった．

2010年の正月明けに五百沢からAtlas of Perennial Snow Patches in Central Japan (Higuchi and Iozawa 1971) のコピーが立山カルデラ砂防博物館に送られてきて以下の手紙が添えられていた．

「正月に家に来た娘から日経に出たという御前沢雪渓の記事をもらい，ご参考になろうかと，小生の記録をコピーしました．昭和前期に崎田竜二先生による氷体の報文がたしか地理学評論にも出ていたと思います．お調べ下さい．」

2010年1月8日　五百澤智也

この手紙から五百沢は晩年になっても日本の氷河・雪渓研究に興味をもち続けていたことが分かる．博物館では，五百沢ゆかりのカクネ里雪渓を最重要な雪渓と位置づけ2011年から氷河の可能性を探る調査を開始した．

2　立山カルデラ砂防博物館単独で調査開始

まず，2011年6月19～21日に氷体の厚さを確認するため地中レーダー観測をおこなった．参加者は8,000 m峰を8座登頂している国際山岳ガイドの北村ガイドと信州大学出身で長野県内の山を熟知している前原ガイドと福井の3名である．なお，北村ガイドは五百沢が所属していた獨標登高会（東京都山岳連盟）の出身である．

西遠見山付近にベースキャンプを設置し，シラタケ沢を通ってカクネ里雪渓まで日帰りで往復した（図13-1）．この時期はすべて雪の上を歩いてアプローチできるため危険箇所はほとんどなかった．唯一，復路にカクネ里中流部で八峰キレット側からブロック雪崩が落ちてきたが，警戒しながら歩いていたため回避できた．

雪渓表面は周囲の岩壁から流れ込んできた雪崩のデブリに覆われていた（図13-3）．地中レーダー観測の結果，厚さ15 mの積雪の下に厚さ30 m以上，長さ700 mに達する巨大な氷体を確認できた（福井ほか2018）．また，氷体の中流部には，下流方向にスラストアップ（衝上）する岩屑層と推定される反射もみられ，この反射が氷体の表面に達するところから岩屑被覆層が広がっていた．同様なス

図 13-3 2011 年 6 月 19 日のカクネ里雪渓．周囲の谷壁から雪崩のデブリが流れ込んでいる．

ラストアップする岩屑層はゆっくりと流動している南極半島の小型岩屑被覆氷河でも見られ（Fukui *et al.* 2008），カクネ里雪渓の氷体が流動している可能性が示唆された．

　五百沢（1979）では，カクネ里雪渓へのアプローチとして八峰キレット東面のキレット沢（図 13-1）も利用していた．2011 年 8 月 11 〜 13 日に流動観測をおこなうために遠見尾根〜八峰キレット経由でキレット沢を下降してカクネ里雪渓へ向かった．しかし，キレット沢中部にはスノーブリッジが複数残存していて，落石も頻繁に発生し，極めて危険な状態であることが分かった．このため通過不可能と判断し撤退した．

　キレット沢からのアプローチを諦め 2011 年 9 月 12 〜 14 日に 6 月同様，遠見尾根〜シラタケ沢〜カクネ里経由で雪渓にアプローチしようと試みた（図 13-1）．ガイドに先行して偵察してもらったところ，6 月は問題なく通過できたシラタケ沢下流のゴルジュ帯に大規模なスノーブリッジがいくつも発達していて，通行が極めて困難な状況だと分かった．

　北村ガイドには，ルート工作の参考に五百沢（1979）のコピーを渡していた．五竜山荘で撤退するか否か協議していたところ「五百沢さんの山のレベルは研究者というよりはプロのクライマーだ．この時期のカクネ里はガイドだけで往復す

るなら問題ないが，研究者同伴となると相当な装備と日数が必要になる」と言われ，撤退を決意した．

3 いったん現地観測をあきらめる

　2011年の2度の撤退によって，秋のカクネ里で流動観測をおこなうには相当な人数や日数をかけてルート工作をおこなう必要があることを痛感し，カルデラ博単独での観測は無理であると判断した．そこで，剱岳方面の雪渓調査に焦点を絞り，カクネ里の観測はいったん諦めることにした．

　その後，2012年4月に立山の御前沢雪渓，剱岳の三ノ窓・小窓雪渓が日本初の氷河であるとする論文が日本雪氷学会誌に掲載された（福井・飯田2012）．この論文の出版を受けて複数の新聞に「立山連峰で日本初の氷河が発見される」という記事が掲載され，ニュース番組でも取り上げられた．

　この報道に対応して市立大町山岳博物館（以下，山博と呼ぶ）が，同館の機関誌「山と博物館」に日本の氷河・雪渓に関する報文の執筆を依頼してきた．この報文には立山連峰の氷河，多年性雪渓のことだけでなく，カクネ里雪渓に関しても厚さ30 mを超える氷体の存在をもっていることから氷河の可能性があると記載した（福井2012）．

　2013年1月30日に都立大時代の恩師である岩田修二から以下のメールが届いた．五百沢から以下の年賀状が届いたとのことである．なお，五百沢はカルデラ博がカクネ里のアプローチで苦戦していることを，岩田を通して知っていた．
「カクネ入谷についての五百沢智也 2013.01.01の年賀状
『追伸：1955年の3月に鹿島槍荒沢奥壁の登攀にサポート隊として入山したのですが，その時，北峰から天狗尾根をくだって，天狗の鼻から再に北へ尾根をくだって，カクネ里へくだる最北のガリーをくだって入谷して，登攀（北壁）隊を送ったのですが，このコースが唯一ではないかと思います．シラタケ沢も，他のガリーも，キレット沢も岩壁の風化が進んで悪くなってしまいました．危険です．』
　　　　　　　　　　　　　　　　　　　　　2013.01.30作成　岩田修二」

　このメールを北村ガイドに見せたところ，「天狗尾根は残雪期向きで，重たい観測道具を背負って秋季に踏破するのは難しい．（当時の）五百沢さんなら大丈夫かもしれないが」とコメントしていた．五百沢からカクネ里雪渓の情報を直

接頂けるのは非常に光栄なことであり，なんとか流動観測を実現したかったが，2013年の時点では，再び撤退に追い込まれるリスクが高い流動観測を実施するまでモチベーションが沸いてこなかった．

4　カクネ里雪渓（氷河）学術調査団の結成

「山と博物館」の報文でカクネ里雪渓の氷河の可能性を再認識した山博は，当時，博物館専門員で信州大学名誉教授の小坂共榮，博物館指導員の西田均が中心となり2013年9月頃からカクネ里雪渓の総合調査を検討し始めた．この頃からカルデラ博にも頻繁に相談の電話がかかってくるようになった．

2014年6月19日に平成26年度第一回調査団会議を開催．市立大町山岳博物館，信州大学理学部，長野県環境保全研究所，富山県立山カルデラ砂防博物館の四つの団体からなるカクネ里雪渓学術調査団が結成された（表13-1）．

団長の小坂が大町市長や教育長と交渉し，調査費の大半を大町市に負担していただけることになった．活動期間は2014～2016年の3年間である．

学術調査の主な目的は，カクネ里雪渓の氷体の流動を観測し，氷河か否か検討することであるが，地質調査，気象観測，雪渓の積雪状況の定点カメラ撮影，植生調査も同時におこない，研究空白地域であるカクネ里雪渓周辺の自然環境を総合的に理解することも目的にした．研究成果は学術論文として公表するだけでなく，山博での企画展，常設展，講演会の開催，研究紀要の出版を通して広く一般の方がたにも紹介することを目指した．

表13-1　カクネ里雪渓学術調査団名簿

役割	氏名	所属
団長	小坂共榮	市立大町山岳博物館専門員，信州大学理学部特任教授
副団長	鈴木啓助	信州大学理学部教授
	飯田肇	富山県立山カルデラ砂防博物館学芸課長
団員	原山智	信州大学理学部教授
	富樫均	長野県環境保全研究所専門研究員
	浜田崇	長野県環境保全研究所主任研究員
	尾関雅章	長野県環境保全研究所研究員
	福井幸太郎	富山県立山カルデラ砂防博物館主任学芸員
	千葉悟志	市立大町山岳博物館学芸員
	宮野典夫	市立大町山岳博物館館長（現指導員）
	西田均	市立大町山岳博物館指導員

現地調査には，団員のほかに立山および大町の山岳ガイド数名，サポート役の信州大学山岳部の学生数名に参加して頂けることになった．これにより偵察やルート工作に十分な人数と時間をかけることが可能になった．

5 流動観測に成功

2014 年から現地調査を開始した．8 月 5 〜 7 日と 8 月 27 〜 29 日にガイド隊が偵察し，シラタケ沢下部のゴルジュ帯にスノーブリッジが発達していて通行困難であることが再確認された．このため 2014 年度は調査を中止し，アプローチにヘリコプターを使う計画に変更，翌 2015 年に現地観測を実施することに決定した．

2015 年は当初 8 月 22 〜 31 日に調査団の全メンバーで氷体の流動観測や浅層ボーリング，地質調査，無人気象観測装置の設置，植生調査を行う総合観測を計画していた．8 月 22 日にガイド隊が先行して徒歩で入山し，雪渓上にヘリポートを作って 8 月 25 日からの本隊の到着を待った．しかし，悪天候が続き，3 日間ヘリコプターが飛行できなかった．

ガイド隊から「シラタケ沢下部でスノーブリッジの崩壊が激しく徒歩での下山は困難」との連絡が入る．8 月 27 日昼前に 2 時間ほど雲が切れたタイミングを見計らってヘリコプターが飛びガイド隊をピックアップした．その後も天候の回復が見込めず，8 月下旬の調査は中止に追い込まれた．

ヘリコプターでの入山は天候に左右され，入山できなくなるリスクが大きいと判断，観測内容を氷体の流動観測のみに絞り，徒歩入山による少人数調査に計画を変更した．9 月 22 日に遠見尾根経由で福井，飯田，北村ガイド，前原ガイド，富山ガイドの 5 名で入山．22 日はシラタケ沢中流部で幕営．23 日は早朝出発．歩きはじめて 1 時間くらいでスノーブリッジが複数発達している最難関のシラタケ沢下流部ゴルジュ帯に到着した（図 13-4）．ゴルジュの左岸の谷壁に高巻き用の固定ロープを複数設置．この固定ロープを使いユマーリングと懸垂下降を繰り返してゴルジュ帯を突破した．

五百沢（1979）の記載によるとカクネ里の出合にあるカクネ大滝は左岸の壁を直登すれば登りやすいと書かれていた．それに従い左岸を直登すると問題なく突破できた．滝を登りきりカクネ里の谷に入るとスノーブリッジはほとんどなく快

調に谷を遡行できた．出合から1時間ほど遡行するとキャンプ地に最適な土石流段丘があった．ここにベースキャンプを設置．ベースキャンプからは30分も歩けば雪渓に取り付ける．

五百沢は1955年9月23日に雪渓末端から白濁している融氷水流（グレーシャーミルク）が流れていることを確認している．ベースキャンプ到着後，グレーシャーミルクを期待して雪渓末端に偵察に出かけた．しかし，透き通った融氷水が勢いよく流れているだけでグレーシャーミルクは見られなかった（図13-5）．五百沢が現地観測をおこなった1955年までは氷体の底面すべりが生じていて氷河底で細粒物質が生産されていた可能性があるが，現在は底面すべりが生じていないのかもしれない．

翌9月24日に雪渓にとりついた．この年は雪融けが遅く，雪渓上には残雪が広がっていて五百沢（1979）で記載されていたムーランや融氷水溝もあまりみられなかった．雪渓上5カ所にアイスドリルで積雪を貫通して氷体に達するまで鉛直に4.6 mの穴を開け，長さ4.6 mのアルミ製ポール（ステーク）を挿入して，その位置をGPSで測位した（図13-6）．

9月下旬の観測から24日後の10月17日，福井，北村ガイド，前原ガイド，細田（サポート役）の4名でステークの再測量に出かけた．ルートは9月同様，遠見尾根〜シラタケ沢〜カクネ里である．

10月18日に雪渓に到着．9月と比較すると雪渓の末端は数十m後退しているようにみえた．雪渓表面には所どころ氷河氷が露出していて融氷水溝やムーラン

図13-4　シラタケ沢下流部のゴルジュ帯にかかるスノーブリッジ．

第 13 章　調査：カクネ里雪渓学術調査団による統合自然地理学的調査　199

図 13-5　カクネ里雪渓末端から流れ出る融氷水．透き通った水であった．2015 年 9 月 23 日撮影．

図 13-6　カクネ里雪渓上流部での GPS 流動観測．

がみられ，雪渓中央には長さ 40 m，高さ 2 m ほどの島状の岩屑丘が出現していた．かなり融解が進んだ印象を受けたが，ステークは 5 本とも 70 cm 前後しか露出しておらず，雪渓表面の融解量は 24 日間でわずか 70 cm（同期間の立山・剱の雪渓の融解量の半分以下）ということになる．ステークの位置を再度 GPS で測量した（図 13-6）．

翌 10 月 19 日にカクネ里雪渓の上流部に出現したクレバス（標高 2,100 m）に潜り深さ 6 m 付近までの層位と密度を測定した（図 13-7）．層位は表面から深度 0.9 m までが濡れたフィルン（前冬の残雪），深度 0.9 〜 6.0 m が氷河氷で深度 0.7 〜 0.9 m と 1.5 〜 1.6 m，2.5 m 付近に汚れ層がみられた．密度はフィルン層が 710 〜 780 kg/m^3，氷河氷の部分は 820 〜 880 kg/m^3 であった（福井ほか 2018）．

博物館に戻り，ステークの動いた量から氷体の流動量を求めた．カクネ里雪渓では，24 日間で最大 17 cm，年間流動速度に換算すると 2.6 m/ 年の流動が観測された（福井ほか 2018）．流動方向は北東で雪渓の最大傾斜方向と一致し，流動速

図 13-7 カクネ里雪渓上流部にみられた深さ約 6 m のクレバス．深度 0.9 m 以下は氷河氷．4 年分の年層がみられた．2015 年 10 月 19 日撮影．

度は，氷体がもっとも厚い中流部でもっとも速かった．今西錦司は晩年，吉良竜夫との対談でカクネ里雪渓について「ケニア山の氷河と全く同じ格好」と述べ（今西・吉良 1983），日本の多年性雪渓で氷河に一番（おそらく形が）似ているのはカクネ里雪渓と主張していた．ケニア山最大のルイス氷河の流動速度は 0.6 〜 2.5 m/ 年であり（Hasterath 1992），奇しくもほぼ同じ流動速度であった．

6　地質，気象，定点カメラ観測

調査地の地質調査を信州大学の原山 智と長野県環境保全研究所の富樫 均が中心となって実施した．2016 年 6 月 18 日から数日間，シラタケ沢周辺で現地調査を行い，カクネ里の地質に関する新たな知見が得られた（原山・富樫 2018）．

カクネ里雪渓の無人気象観測を信州大学の鈴木啓助が中心となって実施した．2016 年 6 月 19 日にカクネ里の出合付近の標高約 1,500 m 地点に無人気象観測装置を設置．同年 10 月 20 日までの 4 カ月間，温湿度，風向風速，日射の観測を実施した．氷体の維持機構を考える上で重要なデータが得られた（鈴木・佐々木 2018）．

雪渓の定点カメラ観測を，長野県環境保全研究所の浜田 崇が中心となって，国立研究開発法人国立環境研究所の小熊宏之の協力を得て実施した．2015 年と 2016 年の 9 〜 12 月に中遠見山に定点カメラを設置し雪渓の変化を記録した．氷体の形成を考える上で重要な初冬の積雪状況に関する貴重なデータが得られた（浜田ほか 2018）．

7　おわりに

カクネ里雪渓のようなアプローチが極めて困難な場所では，調査団を組織して総合学術調査（統合自然地理学的な調査）という形で予算を確保し，人員や時間をかけられる状況をつくり出さないと現地観測は難しいということを痛感させられた．山博，カルデラ博，信州大学，それぞれ単独では，現地観測を実現できなかった可能性が高い．調査地を同じくする異分野の研究者が集結して力を合わせることにより，ようやくカクネ里雪渓の実態を明らかすることができたといえる．今後は研究成果のアウトリーチに力を注ぐ予定である．

【付 記】
　なお，本研究は 2013 〜 2016 年度文部科学省科学研究費補助金・若手研究（A）（代表者 福井幸太郎，課題番号：25702016）の一部を使用した．

【参照・引用文献】
福井幸太郎　2012．立山連峰の氷河と万年雪．山と博物館 8：2-4．
福井幸太郎・飯田 肇　2012．飛騨山脈，立山・剱山域の 3 つの多年性雪渓の氷厚と流動―日本に現存する氷河について―．雪氷 74：213-222．
福井幸太郎・飯田 肇・小坂共栄　2018．飛騨山脈で新たに見いだされた現存氷河とその特性．地理学評論 91-1：43-61．
福井幸太郎・飯田 肇 2018．鹿島槍ヶ岳カクネ里雪渓で実施した氷河観測の概要．市立大町山岳博物館研究紀要 3：5-12．
Fukui, K., Sone, T., Strelin, J. A., Torielli, C. A., Mori, J. and Fujii, Y. 2008. Dynamics and GPR

stratigraphy of a polar rock glacier on James Ross Island, Antarctic Peninsula. *Journal of Glaciology* 54: 445-451.

浜田 崇・小熊宏之・井手玲子 2018．定点カメラによる鹿島槍ヶ岳カクネ里雪渓のモニタリングの試み．市立大町山岳博物館研究紀要 3：31-34．

原山 智・富樫 均 2018．カクネ里の地形・地質．市立大町山岳博物館研究紀要 3：13-22．

Hasterath, S. 1992. Ice-flow and mass changes of Lewis Glacier, Mount Kenya, East Africa, 1986-90: observations and modeling. *Journal of Glaciology* 38: 36-42.

Higuchi, K. and Iozawa, T. 1971. *Atlas of perennial snow patches in Central Japan*. Nagoya: Water research laboratory, Faculty of science, Nagoya University.

今西錦司　1933．日本アルプスの雪線について．山岳 28：193-282．

今西錦司・吉良竜夫　1983．「対談」氷河時代と人類．季刊大林 15：23-30．

五百沢智也　1959．カクネ里記．地理 4 (8)：96-104．

五百沢智也　1979．『鳥瞰図譜＝日本アルプス［アルプス・八ヶ岳・富士山］の地形誌』講談社．

西田 均・鹿島槍ヶ岳カクネ里雪渓（氷河）学術調査団　2017．鹿島槍ヶ岳カクネ里雪渓（氷河）学術調査団における調査活動概要．市立大町山岳博物館研究紀要 2：19-25．

鈴木啓助・佐々木明彦 2018：北アルプス鹿島槍ヶ岳カクネ里における暖候期の気象観測．市立大町山岳博物館研究紀要 3：23-29．

....

《考えてみよう》

1. 越年性雪渓と氷河とのちがいは何だろうか？
2. カクネ里のようなアプローチが困難な場所の調査では，なぜ総合的な（統合自然地理学的な）学術調査をおこなわねばならないのだろうか？

福井　幸太郎（ふくい＝こうたろう）　富山県立立山カルデラ砂防博物館主任学芸員　e-mail: fukui@tatecal.or.jp　1973 年大阪市生まれ．東京学芸大学教育学部・東京都立大学大学院理学研究科出身．博士（理学）．氷河と永久凍土の研究者で，調査地は南極氷床，南極半島，ロシアアルタイ山脈，カムチャツカ半島，ネパールヒマラヤ，飛騨山脈．主な著書：『フィールドに入る(100 万人のフィールドワーカーシリーズ第 1 巻』古今書院（2014 分担執筆）．『低温環境の科学事典』朝倉書店（2016 分担執筆）．『マスメディアとフィールドワーカー（100 万人のフィールドワーカーシリーズ第 6 巻）』古今書院（2017 編著）．

飯田　肇（いいだ＝はじめ）　富山県立立山カルデラ砂防博物館学芸課長　1955 年茨城県生まれ．東京理科大学理学部・名古屋大学大学大学院理学研究科出身．理学修士．立山地域の積雪，雪崩，気象観測を継続して実施しています．主な著書:『富山の自然再発見』北日本新聞社，『大いなる遺産 立山黒部 100 万年の輝き』北日本新聞社，『トムラウシ山遭難はなぜ起きたのか』山と渓谷社．いずれも分担執筆．

第14章 【調査】生徒と共に見た三宅島の噴火後の自然

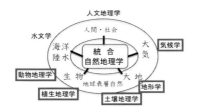

川澄 隆明

> 高等学校の地学教師として，三宅島の自然を統合自然地理学の観点で生徒とともに観察した．明らかになったことや教育上の成果を報告する．

キーワード：三宅島，高校教育，2000年噴火，先駆植物，黒潮

1 はじめに

　東京都の三宅島は，最高点が標高 775 m，平面形が直径約 8 km の円形のなだらかな火山島である（図 14-1）．2000 年 6 月に始まった噴火では火山ガス中の二酸化硫黄が増加し，植物が枯れて裸地が拡がり（図 14-2），全島民も島外へ避難しなければならないほどであった．しかし，これは，植物遷移のもっとも初期の段階や斜面地形のいちじるしい変化を体験することができる絶好の機会でもある．2009 年 4 月に都立三宅高校へ赴任した際，これら多様かつ特徴的な自然の全体像を生徒に伝えたいと思い，自然環境を俯瞰的に眺める統合自然地理学の観点で授業を展開した．そして，2016 年 3 月まで高校生とともにフィールドワークをくり返した．

　三宅高校では，1～3 学年のいずれにおいても理科の授業が 2 時間続きになっている．この時間帯に高校所有の 10 人乗り自動車を利用して，1～9 人の生徒とともにフィールドワークをおこなった．三宅島には，海岸沿いと中腹の標高

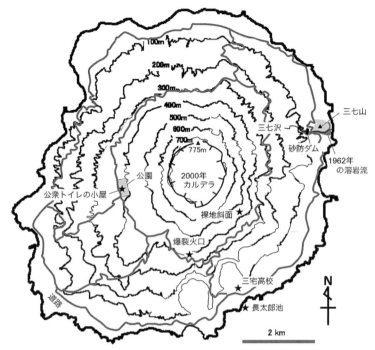

図 14-1　三宅島火山の概形．1962 年溶岩流の分布範囲は，津久井ほか（2005）に基づいた．本文中の観察地点などは星印で示した．

図 14-2　三宅島南東斜面の標高 400 m 付近に拡がる裸地斜面（2012 年 10 月撮影）．2000 年の噴火以降に火山ガス中の二酸化硫黄が増加し，植生が枯れ，斜面のスコリア層が露出した．ガリーの深さは 5 m である．

180 m 〜 450 m に島を一周する道路がある．中腹の道路は現在東側の一部が斜面崩壊で通行できないものの，これら道路と自動車を利用することで島の全域を対象にフィールドワークを実施することができた．以下では，三宅島を特徴づける自然と高校生の姿を報告する．ただし，観光パンフレットに記述されていたり，ネイチャーガイドが解説したりするような内容は省略した．

2　爆裂火口内部の観察

　三宅島の火山活動は，割れ目から粘性の低い溶岩やスコリアを噴出する割れ目噴火が主体であり（津久井ほか 2005），割れ目跡には直径 2 m 〜 900 m の火口が多数連なった割れ目火口列が残されている．これらの火口は観察するのに格好の地形であり，生徒とともにしばしば訪れた．

　三宅島南斜面の中腹，標高 390 m に一つの爆裂火口が開いている．直径は 25 m，深さ 30 m である．火口壁がほぼ垂直で，火口内部へ入ることが難しいため，火口縁から火口壁に露出する溶岩層とスコリア層を観察していた．すると生徒が「内部へ降りてみたい」と言った．自分で確認することが科学的態度である．次回の授業でザイル・ハーネス・あぶみを使った岩壁登降の練習を体育館で行い，さらに次の授業で火口内部へ向かった（図 14-3）．

　火口は，垂直の火口壁と漏斗状の火口底からなっている．火口壁の下部・中部・上部にはそれぞれスコリア層，溶岩層，スコリア層が露出している．下部のスコリアと中部の溶岩は同質の斜長石斑晶（径 0.5 mm 〜 1.0 mm）を少し含んでおり，一連の活動で噴出したとみられる．溶岩層は厚さが 10 m ある．それを垂直に断ち切る水蒸気爆発の破壊力は凄い力である．生徒たちも「これを吹き飛ばして，火口が形成されたのか」と驚いている．

　火口底には溶岩層から崩落した岩塊（径 50 cm 〜 120 cm）が積み重なっており，その起伏を越えて最深部へ向かう．女子生徒が，火口底に横たわっ

図 14-3　爆裂火口内部への降下（2011 年 10 月撮影）．火口は三宅島南斜面中腹（標高 390 m）にあり，直径 25 m，深さ 30 m である．

図 14-4 爆裂火口の底に開いた穴（2011 年 10 月撮影）．火口底で，さらに下方へ伸びる穴を見つけた．

た巨木の裏側を覗きながら「穴がある．もっと下へ続いている！」と声をあげた．そこへ集まった男子のひとりが「ジュールベルヌみたい！」と言う．穴は火口壁下部のスコリア層に開いており，入口が高さ 70 cm，幅 110 cm なので，人が入ることもできる（図 14-4）．しかし，ヘッドランプを用意していなかった．この穴は次回の課題としよう．

3 三宅島西斜面の様子
3-1 ラハール堆積物の観察

西斜面の標高 380 m ～ 400 m には公園があり，敷地も道路もほぼ全面がラハール堆積物におおわれている．公園の西端，標高 380 m では公衆トイレの小屋の下半分がラハール堆積物に埋まり，上半分が壊れずにラハール堆積物の上に出ている（図 14-5 左）．軒先がラハール堆積物表面から 50 cm の高さになっているので，みんな屋根へ上がった．屋根には直径 15 cm ～ 20 cm の穴が六カ所開き，四つの天窓のガラスもすべて割れている．さらに天窓の枠溝には火山砂も載っている．これらのことから，生徒は穴の成因について「噴石が飛んできた」と推測した．私が小屋の北側にある深さ 70 cm の溝でラハール堆積物の断面を観察していると，生徒も集まってくる．堆積物は，厚さ 2 mm ～ 4 mm の砂層と 1 mm ～ 3 mm の泥層の互層から成っている．一般的な土石流堆積物は，礫を多く含む層とこれをおおう掃流堆積層から成っている（小橋ほか 1980）．このラハール堆積物は全体に細粒であるが，土石流堆積物と同様な構造である．流下するラハールの重い砂が先に停止し，その上を軽い泥が少し流れて止まったと思われる．1 枚の砂層と 1 枚の泥層から成るセットが 1 回のラハールで堆積した部分である．1 セットの層厚が 3 mm ～ 7 mm と薄く，これが互層となって小屋の半分を埋めている．つまり，小規模なラハールがくり返し発生したために，小屋は壊されることなく半分も埋められたと考えられる．

第 14 章 　調査：生徒と共に見た三宅島の噴火後の自然 　207

図 14-5 　ラハール堆積物に半分埋まった公衆トイレの小屋．小屋は三宅島西斜面の標高 380 m ～ 400 m に広がる公園内に建っている．（左）2011 年 11 月撮影，（右）2008 年 2 月，新堀賢志氏撮影．

3-2 　植生復活までの期間とラハールの堆積速度

　2008 年 2 月に新堀賢志氏によって撮られた小屋の写真（図 14-5 右）を生徒に見せた．小屋を埋めるラハール堆積物の表面位置は観察を行っている現在（2011 年 11 月）とほぼ同じである．植生は，高さ 20 cm ～ 30 cm のハチジョウイタドリと高さ 50 cm ～ 100 cm のハチジョウススキがまばらに生えている．つまり，2008 年 2 月にはすでに植生が復活し，公園付近ではラハールが発生しにくくなっていたことが分かる．生徒たちは，ラハール堆積物の堆積速度を計算し始めた．まず，裸地の状態からラハール発生を抑えるほど植生が復活するまでの期間を 2000 年 9 月から 2008 年 2 月までの 7 年半とする．次に，ラハール堆積物の表面と小屋入口の鴨井との間が 30 cm になっていることから，小屋が埋まっている深さを 150 cm ～ 170 cm と目測する．そして，堆積速度を 200 mm/ 年～ 227 mm/ 年と算出した．

4 　中腹道路における雨水 pH 値の測定
4-1 　事前の予想

　三宅島では東斜面と南西斜面で植生の復活が遅れている．その原因について，東斜面については，日常生活でも火山ガス警報が頻繁に出されることから，西寄りの卓越風によって火山ガスが東斜面にもたらされるため，と生徒たちも理解している．しかし南西斜面については，理由がよく分からない．2014 年 9 月に生徒とともに南西斜面の植生を調査した．その結果，5 m × 5 m の範囲に高さ 10

図 14-6 三宅島の南西斜面から西斜面を眺める（2014年9月撮影）．南西斜面（写真の下〜右近景）にはハチジョウイタドリやハチジョウススキがまばらに生えている．一方，西斜面（写真の左遠景）では，それらにオオバヤシャブシも加わって，植生が密に復活している．

cm 〜 15 cm のハチジョウイタドリが 2 〜 6 株，高さ 20 cm 〜 30 cm のハチジョウススキが 3 〜 5 株パッチ状に生えていた（図 14-6）．2000 年噴火から 14 年も経つのに，火山斜面の代表的な先駆植物（宮脇 1977）だけの状態であった．雨の日に理科室で，南西斜面で植生復活が遅れている理由を議論した．そして生徒たちは「三宅島では北東風のとき降雨になることが多く，そのとき火山ガス中の二酸化硫黄が雨滴に溶け込んで酸性の亜硫酸になり（$SO_2+H_2O \rightarrow H^++HSO_3^-$），それが南西斜面に降りそそぐため」と予想した．これを確かめるため，三宅島の中腹で雨水の pH 値を測定することにした．

4-2 準備と測定

「pH 値」の意味を再学習する．pH=7 は中性を意味し，水素イオン濃度は 1×10^{-7} mol/L である．pH=6 は弱酸性であり，水素イオン濃度は 1×10^{-6} mol/L である．pH=5 はやや強い酸性であり，水素イオン濃度が 1×10^{-5} mol/L である．測定具は，pH メーターが 2 台とも壊れているので，万能試験紙を用いた．これは試験紙をセロテープのようにリールに巻いたものである．これを 3 cm 〜 4 cm の長さにちぎって，ビーカーに採取した雨水に浸し，黄色〜緑色の変色結果を識別して pH=4 〜 6 を読み取る．測定は，降雨時に中腹道路を自動車で移動しながら三宅島の北斜面，北西斜面，西斜面，南西斜面，南斜面の五カ所で，生徒 3 名〜 6 名が実施した．

4-3 考察および反省

測定の結果，南西斜面の雨水だけが pH=4.0 〜 5.0 のやや強い酸性を示し，ほかの場所の雨水はいずれも pH=6.0 〜 7.0 の弱い酸性ないし中性であった．高校へ戻る車中で考察する．測定結果が分かりやすかったので，生徒は自分たちの予想が妥当であったと判断し，「三宅島では北東風の影響で南西斜面に亜硫酸の雨が降る．このため，南西斜面は噴火から 14 年も経っているのにまだ先駆植物だけの状態にとどまっている」と結論づけた．

南西斜面で測定しているとき，生徒が「雨が目にしみる」と言った．pH=4.0 は，醤油とおなじ程度の酸性である．指導者として，洗眼用の水を用意するなど亜硫酸への対策を講じておくべきであった，と反省している．

5 谷地形の観察

三宅島火山には，常に水が流れている河川がない．スコリア層が広く露出し，湧水も降水もすぐにしみ込んでしまうためである．ところが，谷地形が発達し，硬い溶岩層にも谷が刻まれている．この現象を考えるため，生徒を三宅島北東部にある三七沢(さんしちざわ)の遡行に誘った．ここには 1962 年の噴出年代が分かっている溶岩流とスコリアコーン（三七山(さんしちやま)）があり，この溶岩流を三七沢が刻んでいる．

三七山は東西 400 m, 南北 300 m, 高さが 88 m あり，南側半分が溶岩流の上に載っている．三七山の南斜面には東西方向の裂け目が 3 本平行して開いている．裂け目は東西の長さ 60 m 〜 120 m，幅 0.5 m 〜 3 m，深さが 2 m 〜 3 m である．裂け目と裂け目に挟まれた東西方向に長いブロックは幅が約 5 m あり，南側（溶岩流側）へ 5°〜 7°傾き，そのまま冷え固まっている．裂け目に入った生徒が「スコリアがやや溶結しています」と報告する．

三七沢は三七山の南縁に沿って刻まれており，降雨時のみ流水がみられる．三七山の山頂から南西方向へ約 200 m の位置に砂防ダムがあり，海岸からこの砂防ダムまで長さ 700 m の三七沢を下刻量にもとづいて下部，中部，上部の三区に分けることができる．下部は海岸から谷床の標高が 20 m の位置まで長さ 220 m の部分である．下部の下流側半分は砂浜の上に刻まれており，流路が側方へよく移動する．上流側半分は溶岩流末端の急崖を流水が滝となって落下する箇所であり，谷床の幅が 5 m 〜 7 m，谷壁が低く不明瞭である．三七沢の中部は滝の落口

図 14-7　三七沢の著しい下刻（2011 年 6 月撮影）.

にあたる標高 20 m 地点から谷床の標高が 45 m の地点まで長さ 180 m の部分であり，谷床の縦断面が階段状である．谷床の幅は 3 m 〜 6 m と狭いが，谷壁の高さは 7 m 〜 10 m に達し，著しい下刻を示している（図 14-7）．右岸谷壁はほぼ垂直であり，左岸谷壁は急傾斜して三七山南斜面のスコリア層を切っている．三七沢の上部は谷床の標高が 45 m の地点から砂防ダムまで長さ 300 m の部分であり，谷床の縦断方向の傾斜が緩く，砂や礫が所どころ谷床に堆積している．谷床の幅は 8 m 〜 10 m である．谷壁は急傾斜で，高さが 4 m 前後である．

遡行を終えて，生徒たちは砂防ダム堰堤の上で下刻について考察する．観察した内容として「著しく下刻されている場所と三七山からスコリアが崩落した場所が一致している」こと，「しかし現在，三七山南部のスコリア斜面は冷え固まって安定している」ことが確認された．男子生徒の一人が「下刻が著しい部分の谷床に長さ 2 m，幅 1.5 m，厚さ 2 cm くらいの重そうな鉄板が引っかかっていて，表面が錆びていた．現在は激しい下刻が生じていないのではないか」と指摘する．同調する友だちもいた．この指摘にしたがうと，フィールドワークを行った 2011 年にはすでに激しい下刻が止んでいたことになる．下刻が 1962 年〜 2011 年の 49 年間に進行したとすると，下刻速度は 143 mm/ 年〜 204 mm/ 年に達する．生徒たちは三七沢で観た現象をまとめた．それは「三宅島における谷地形の形成には降雨時に流されるスコリアの侵食力が大きく関わる．その時期は，多量のスコリアが不安定な状態にある噴火直後に集中する」であった．

6　海中観察会

海中のフィールドワークは，安全を強化するため，1 名〜 9 名の生徒に対して

2 名～5 名の教師で実施した．教師は水中で指導する者と陸上で危険を察知して回避を指示する者に分かれ，そのもとで高校生はシュノーケリングしながら生物相や浅海地形を観察する．夏の炎天下に熱い溶岩流やスコリアの上を歩くのは辛い．しかし，夏の海中観察会は高校生に人気の授業である．

6-1　長太郎池における観察

　場所は三宅島南部の海岸，三宅高校から歩いて 10 分の長太郎池と呼ばれるタイドプールである（図 14-8）．海岸まで流下した溶岩流の末端部にあたり，溶岩から成る高さ 2 m の堤防が弧状に連なって，東西 25 m，南北 40 m の天然プールを形成している．水深はどこでも約 1.5 m である．これは，溶岩の流動性が高いため，溶岩流の表面が平坦になった結果であろう．溶岩の堤防が外海の波を防ぐため，長太郎池の中は波が静かで，小さな熱帯魚が逃げ込んできて賑やかである．

東側の溶岩堤防の側面に，直径 25 cm ～ 40 cm のテーブルサンゴの群体が三つ着定している．一般に，砂泥質の浅海は波浪による砂泥の攪拌で日光が遮られたりポプリの呼吸が抑えられたりして，サンゴの生育を阻害する（堀 1990）．しかし長太郎池には波に揺らぐことのない安定した溶岩の浅海が拡がっているので，サンゴが着定している．

図 14-8　長太郎池（2011 年 9 月撮影）．

6-2　溶岩を噴出した火口の推定

　海から上がり，溶岩の敷石の上に寝そべって身体を温めながら「長太郎池の溶岩はどこから流れてきたのか」という議論をした．これまで，生徒とともに多くの火口を観察してきた．とくに三宅島南西斜面では，植生復活が遅れて割れ目火口列が露出しているため，火口を詳しく観察することができた．そして，生徒たちは溶岩を流出した火口と流出しなかった火口を区別できるようになっていた．

溶岩を流出した火口は，火口内部が溶岩で埋まり，溶岩の表面が火口縁近い高さで冷え固まって，平坦で広い火口底を形成している．一方，溶岩を流出しなかった火口は火口壁にスコリア層や溶岩層の断面が露出し，その下方に溶岩塊が積み重なる狭い火口底をともなっている．

　三宅高校は長太郎池の北方約570mにあり，一つの火口の中に建っている．火口は大きさが東西750m，南北950mあり，グラウンドや農場も平坦な火口底に拡がっている．火口壁は東・北・西側において高さ70m～150mであるが，南側では火口底の堆積物におおわれている．火口底および火口から長太郎池までの斜面は土壌や植生におおわれているため，溶岩流を確認することはできない．しかし，地形的特徴は溶岩を流出した火口と一致する．これを根拠に，生徒たちの考えは「確実な証拠はないものの，長太郎池の溶岩は三宅高校の火口から噴出したと思う」であった．そして，「流れやすい溶岩は海岸まで流下して，波が静かで砂泥が少ない浅海地形をつくった．黒潮はサンゴの卵を運んできて安定した溶岩の表面に着定させ，それが日光をよく受け，呼吸も十分に行って，ポリプの群体に成長した」とまとめた．三宅高校から海へ拡がる大きな話が楽しかった．

7　おわりに

　高校生たちは統合自然地理学の観点で三宅島の自然を学習した．郷土の特徴的な現象を野外で観察し，広く歩いて多様な現象間の相互関係も考察した．その結果，生徒たちは地域の自然環境を一つのまとまりとして把握するようになってきた．たとえば，火山噴火についても被害をもたらすという一面だけでなく，地形や植生に変化や差異を生み，海に生命の豊かさも生み出すことを事実として受けとめた．そして，他の現象と一体になって三宅島の自然環境を構成していることも知った．高校生が郷土を公平に正しく理解するため，統合自然地理学の視点はたいへん有効であった．

【参照文献】
堀　信行　1990．世界のサンゴ礁からみた日本のサンゴ礁．サンゴ礁地域研究グループ編『日本のサンゴ礁地域1 - 熱い自然 - サンゴ礁の環境誌』3-22．古今書院．
小橋澄治・中山政一・今村遼平　1980．土砂移動現象の実態．武居有恒監修『地すべり・崩壊・土石流，予測と対策』28-64．鹿島出版社．

宮脇 昭　1977．火山植生．宮脇 昭編『日本の植生』76-79．学習研究社．
津久井雅志・川辺禎久・新堀賢志　2005．三宅島火山地質図．独立行政法人産業技術総合研究所　地質調査総合センター．

....

《考えてみよう》

　　　　高校生たちは三宅島の自然に関するさまざまな現象を観察した．その結果，「生徒たちは地域の自然環境を一つのまとまりとして把握するようになってきた」と最後に書かれているが，「一つのまとまりとして把握する」ためにはどういう作業が必要だったのだろうか．

川澄　隆明（かわすみ＝たかあき）　東京都立立川高等学校講師　1956年東京生まれ．信州大学理学部で地質学を学び，東京都立大学大学院理学研究科で地理学を専攻した．飛騨山脈，立山の氷河地形研究で理学博士．幼い頃から東京の喧騒に馴染むことができず，静かな山や森を歩くようになった．海外登山の際，キャラバン中や登攀中に周囲のあらゆる状況を観察記録しているうちに，自然環境を広く眺める統合自然地理学の視点が強化された，と思っている．

第15章 【調査】衛星測位技術GNSSによる氷河測量

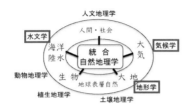

縫村 崇行

> 自然地理学にとって，地図の作成や地表面空間情報の量的把握は必須のものである．人工衛星を用いた空間測定技術が発達し，統合自然地理学が大きく発展する可能性がでてきた．山岳地帯での利用例を解説する．

キーワード：測量，氷河，GNSS，空間データ処理

1 氷河変動の計測手法の重要性

　空間的な事象を扱う地理学では地図の作成や空間位置の測定はもっとも基本的な方法である．なかでも，GPS（Global Positioning System）技術は，地理学との相性がよく広く用いられるようになった．GPSは今日では多くの領域において一般的な技術として用いられGNSS（Global Navigation Satellite System：衛星測位技術）と呼ばれる．この章ではGNSSを用いた氷河測量調査に焦点をあてて，その技術的な面を解説する．

　氷河学や雪氷学は地球物理学の1分野であるが，その初期には地理学・地形学と密接な関係にあった学問であり（岩田 1997；岩田 2011），地図作成は基本的な作業であった．現在の氷河研究では，氷河変動を明らかにすることが重要になっている．気候変動の影響評価，氷河湖決壊洪水などの自然災害への対応，流域における将来の水資源量の評価などのためである．このような理由から，氷河変動を捉えるためにさまざまな測地学的手法が用いられてきた．氷河の変動は，三角

測量法を用いた氷河前縁部の変化や(Yamada et al. 1992; Kadota et al. 1993)，ステーク法を用いた質量収支変化（Ageta et al. 1980; Fujita et al. 1998），光波測距儀を用いた氷河の部分的な面的測量による表面高度の変化（Kadota et al. 2000; Naito et al. 2002）などの計測によって解明されてきた．

2000年に米国のGPS衛星のSA（Selective Availability：選択利用性）が解除されたことによって，民間利用におけるGPSの精度が従来よりも大幅に向上した．これによって測量へのGPSの利用が現実的なものとなった．

2　GNSS測量の原理

現在ではスマートフォンにも装備され，あたりまえのように使われるGNSS技術ではあるが，その原理についてはまだ理解が進んでいないようなので簡単に紹介しておく．

GNSS測量の基本的な原理は既知の複数の座標からの三角測量である．3次元の座標値である三つの未知数（x, y, z）を求める場合，理論上では3点以上の座標の既知の点からの距離がわかればよいが，後述するように時刻誤差も加えた四つの未知数を求めるため，4点以上の座標を，既知の点としてのGNSS衛星から測距する必要がある．

それ以外にもさまざまな要因によってGNSS信号の到達時刻には誤差項が含まれるため，高精度での座標計算のためには誤差補正が必要になってくる．大気状態や衛星の配置状態に起因する誤差を除去するためにはディファレンシャル補正と呼ばれる補正手法が用いられる．これは，大気中の水蒸気や電離層の状態が均一なため，均一な測位誤差の生じる数十km以内に，1台を基準局（固定点へ設置），もう1台を移動局（観測者とともに測量対象上を移動）として計測を行い（図15-1），基準局の観測データから得られた測位誤差の時間変動を移動局の観測データから差し引くことによって，

図15-1　GNSS測量（移動局）の様子．アンテナからはザック内のデータロガーおよびバッテリーにケーブルが繋がっている．

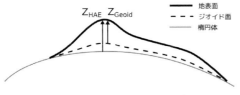

図 15-2 楕円体高（Z_{HAE}）とジオイド高（Z_{Geoid}）．

測位誤差をキャンセルする手法である．これはディファレンシャル補正と呼ばれる．

このようにしてGNSSによる三角測量の原理で求められる現在地の座標のうち，高度に関しては一般的に使用される標高（平均海水面からの相対高度）とは異なることに留意する必要がある．GNSSから求められる高度は楕円体高（HAE: Height Above Ellipsoid）と呼ばれる地球の形状に近似した楕円体の表面からの高度となる．一方の一般的に使用されている標高の値は，ジオイド面と呼ばれる仮想的な海水面からの高度となる（図15-2）．そのためGNSS計測による高度を評価する際には，これらの異なる高度の値を混同しないように気をつけ，楕円体高とジオイド高の地域ごとの差を用いていずれかに統一する必要がある．より詳細なGNSS測量の原理を知りたい方は土屋・辻（2012）などを参照されたい．

3 氷河調査におけるGNSS測量

著者は，ネパールのクンブ地方（Nuimura *et al.* 2011; Nuimura *et al.* 2012），ランタン地方（Nuimura *et al.* 2017），ショロン地方（Fujita and Nuimura 2011），ブータンのルナナ地方でGNSSによる氷河測量をおこなった．これらのフィールドにおいてGNSS測量を実施するに当たって直面した課題や注意点を紹介しよう．日本国内で利用する場合と異なり，GNSS技術を交通・電気・通信などのインフラが整備されていない発展途上国の山岳地域で利用する際にはいくつかの注意が必要となる．

3-1　電力供給

地域によって氷河が存在する高度は大きく異なるが，中・低緯度地域においては，氷河は標高4,000〜5,000 mを超える高標高域に存在することが多く，インフラの整った都市域からは遠距離にある場合がほとんどである．そのような地域でGNSS測量のような電子制御の計測機器を用いる場合は，いかに電力を確保するかが重要になる．調査地の近くの集落で電力供給ができない場合には，自前

で発電する必要があり，ケロシン（灯油）などを燃料とする自家発電機や，太陽光による発電といった手法がある．太陽光発電用のパネルに関しては技術発達によって年々軽量化・折りたたみによるコンパクト化が進んでおり，一般的にポストモンスーンの天候の良い時期に調査を実施されることの多いヒマラヤなどの地域との相性は良い．

3-2　信号受信環境

　GNSS衛星からの信号受信環境はGNSSによる測位精度に大きく影響する．先に述べたようにGNSSによる測位は複数衛星からの三角測量法の原理でおこなわれる．したがって深い氷食谷谷底などの天空率の低い場所では，同時に補足できるGNSS衛星の数の不足や，GNSS衛星の幾何学的な配置の偏りによってDOP（Dilution of Precision）と呼ばれる測位精度指標が低下し，測量結果の精度劣化がおこる．GNSS衛星の大まかな配置状態はアルマナック（衛星軌道情報）によって調査前にあらかじめ調べることが可能であるため，調査地付近の氷食谷の方向との関係からみた衛星の配置状態が悪い日時をあらかじめ避けるように調査予定を組み立てるなどの工夫が必要となる．

3-3　データのバックアップ

　GNSS測量に限ったことではないが，測量データのバックアップは非常に重要である．機種にもよるがGNSS測量データはSDカードなどのフラッシュ＝メディアにデジタル形式で記録されるものが多い．また，バックアップのためデータコピーを，ノートPCを介しておこなう場合，使用するノートPCのストレージの種類に注意をする必要がある．気圧の低い高標高ではHDD（ハードディスク＝ドライブ）の磁気ヘッドが浮くことによってデータ破損が生じることがあるため，高標高で使用するPCではSSD（ソリッドステート＝ドライブ）が装着されたノートPCを使用しなければならない．

3-4　軍事上・政治上の問題点

　氷河が多く存在するような高標高域の山脈は国境付近に位置することが多く，国防上の理由から地形図の入手が困難な場合がある．測量計画の作成にあたって

の基礎資料となる地形図が入手できない場合は，衛星画像や衛星から取得されたデジタル標高モデル（DEM: Digital Elevation Model）などのリモートセンシングデータによって代替することになる．また，国によっては，そもそも GNSS の利用そのものが禁止されていることにも，とくに気をつけなければならない．たとえば中国では外国人による GNSS の使用は禁止されており，チベットなどの中国国内の氷河で GNSS 測量を実施する際には，中国人の共同研究者に測量作業を実施してもらわなければならない．

3-5　測量計画の立案と測量作業の実際

一般的にフィールドでの測量計画を立案するにあたっては，得られる測量データをどのような目的で利用するのか，そのために必要とされる測位精度，測点の分布密度，計測場所といった要素を事前に検討しておく必要がある．それに加えて GNSS 測量の場合には，測量期間中に基準局を安定して稼働し続ける必要がある．これらの項目に関して本著者のこれまでの研究事例をもとに解説する．

2004 年にはネパールのクンブ地方のクンブ氷河で測量調査をおこなった（Nuimura *et al.* 2011）．クンブ氷河では 1970 年代から Watanabe *et al.*（1980）や Kadota *et al.*（2000）など多くの氷河表面の測量データが蓄積されているが，GNSS を用いた氷河表面測量は 2004 年の測量が最初である．このクンブ氷河の観測期間の前半では中流域右岸側に，後半では 5 km ほど離れた下流域左岸側にベースキャンプを設置し，それぞれのキャンプサイトのテントの脇に積み上げた石に測量用ポールを固定したうえでアンテナをとりつけ基準局を設置し稼働をさせた．このときの観測ではオペレーションの都合上，基準局の移転をおこなったため観測期間の前半と後半の測量データの座標値にはバイアス（ずれ）が含まれている可能性がある．そのバイアスの評価のため，中間地点にある氷河外のベンチマーク（安定した基盤岩上に設置した測量基準点）の一つをスタティック法（数十分～1 時間程度移動局を固定しての高精度の測位）によって測量したところわずかなバイアスが認められた．Nuimura *et al.*（2011）でおこなう 30 m グリッド DEM での高度変化の解析する上では十分な精度だと判断したが，測量対象エリアの全域での整合的な測量データを得るためにはこのような基準局の移転はおこなわないことが望ましい．

この時の測量データは，高度変化の計算をする上で取り扱いやすい格子状（グリッド）の DEM に変換して利用した．グリッドサイズは比較をおこなう 1978 年と 1995 年の測量点の密度，そして合わせて使用したリモートセンシング DEM サイズが 30 m であったことから 30 m に統一した．そのため測量作業をおこなう際には，測量対象エリアにおいて 30 m 四方程度の未測量エリアが生じないようにハンディ GPS の画面上の移動軌跡を確認しながら測量ルートを選定した．ただし，氷河上のデブリ被覆域では氷河上湖（池）や融解水の水路などがあるため，安全性も考慮した上で可能な範囲で測量を実施した．

2007 年には同じくクンブ地方の広い範囲で，氷河そのものではなく，おもに氷河外の地表面に焦点をあてて測量をおこなった（Nuimura et al. 2012）．この観測において，氷河外の地表面を測量した理由は，リモートセンシングによって得られた DEM の精度検証やバイアス補正を行い，現地測量のみではカバーできない流域スケールでの氷河表面の高度変化を明らかにするためである．

一般的に，リモートセンシング=データの位置の補正は，データ上で同定できる特徴点（衛星画像の場合では山頂，川の合流点，建造物など）の座標を測位することで地上基準点（GCP: Ground Control Point）として用いるが，この時の測量データの使用目的は衛星画像ではなく，30 m グリッドで提供される DEM の位置補正であったため，建造物を使う補正は難しく，またヒマラヤの山頂における測量や，GNSS 信号の受信状態の悪い谷間にある川の合流点などを利用した位置合わせは現実的ではなかった．そこでクンブ地方の約 30 km 四方に広がる範囲の 3 次元（x, y, z）の座標値を参照データとし，リモートセンシングによる DEM のバイアス補正および精度検証を行った．前述の 2004 年の氷河表面測量とは異なり，面的に隙間なく測量するよりも広域に測量データを取得することが重要となる．

観測対象エリアは東西・南北ともに約 30 km に広がり，GNSS 移動局を背負いながらこの範囲のトレッキングルートを移動して移動経路上の測量を行った．なお，約 3 週間の観測期間中はナムチェバザール集落からやや離れた高台にあるロッジに基準局を設置し，カウンターパートのネパール人研究者に毎日の管理を担当してもらい稼働させていた．

2008 年にはネパールのランタン地方のリルン氷河にて測量調査を行った

(Nuimura et al. 2017).リルン氷河では 1996 年に光波測距儀による測量が実施されているが（Aoki and Asahi 1998），この観測では 2004 年のクンブ氷河の測量と同様に 1996～2008 年の 12 年間の氷河そのものの表面高度変化の推定と，2007 年のクンブ地方の測量と同様にリモートセンシングによる DEM のバイアス補正と精度評価という二つの目的を持っておこなっているため，氷河上では DEM のグリッドサイズを考慮に入れた面的に隙間ない測量を行い（図 15-3），氷河外ではランタン谷の広域測量データの取得を行った．

リルン氷河では近年ヨーロッパの研究者が UAV（無人航空機：Unmanned Aerial Vehicle）を用いた氷河表面測量を行っており（Immerzeel et al. 2014; Kraaijenbrink et al. 2016），氷河表面を歩行するために生じる危険や労力をともなう従来の GNSS 測量に取って代わりつつある．ただ UAV 測量の場合でも地上基準点（GCP）

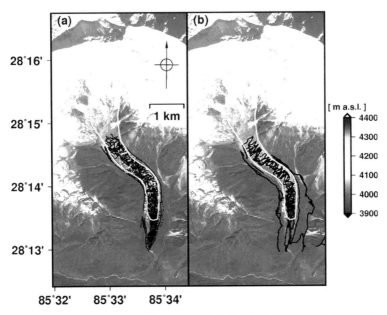

図 15-3　ネパールのリルン氷河での GIS 上に取り込んだ測量地点（黒い点または黒い線）．(a) 1996 年に光波測距儀により計測された地点．(b) 2008 年に GNSS 測量時の移動局の軌跡．原図には生成した DEM（高度ごとに色分けされたグリッド）が表示されているが見えない．右側のスケールは DEM の海抜高度スケール．背景の衛星画像は ALOS PRISM（50 m 解像度）を使用．Nuimura et al.（2017）による．

の高精度な座標値は必須であるため，今後の GNSS による氷河観測は氷河表面そのものの測量というよりは UAV 測量のための GCP 取得を目的としたものが多くなるであろう．

4　GNSS測量データの処理
4-1　後処理ディファレンシャル補正

　フィールドで GNSS 測量によって得られた測量データを，氷河変動の解析に用いる DEM の形式にするまでにはいくつかの処理をする必要がある．一般に GNSS をナビゲーション目的で利用する場合は，数 m 〜数十 m の誤差は許容されるため，GNSS 受信機 1 台による単独測位という手法が用いられる．一方，測量に利用する場合には数 cm 〜数十 cm の誤差が要求とされるため，前述のように GNSS 受信機 2 台以上を用いたディファレンシャル補正をおこなう必要がある．このディファレンシャル補正には，受信端末間でリアルタイムにデータのやり取りをおこなうことによってフィールド観測の時点で高精度に現在地の座標を得るリアルタイム＝キネマティック（RTK）と，測量作業の終了後にコンピュータ上で後処理をすることによって高精度の測量データを得る後処理ディファレンシャル補正がある．測量作業中に高精度に現在地の座標を取得する必要のない場合は，後者で十分であるため以下ではそちらの処理について解説する．

　前述のようにディファレンシャル補正で除去できる誤差は，水蒸気量などの大気の状態や，時時刻刻変化する衛星の配置状態など，GNSS 受信機を使用している時間・場所に依存した誤差である．これを除去することによって時間変化する座標値のブレが大幅に改善される．しかし，ここで除去されるのはあくまで時間変化する座標値のブレのみなので，座標値（緯度・経度・楕円体高度）の絶対的な精度は単独測位とおなじである（数十 m の誤差）．座標値が既知の不動点（ベンチマーク）が存在する場合は，その座標値を GNSS で計測して既知の値とのバイアス（統計的なズレ）を補正することで実用上は問題がない．なお，座標値が既知の不動点が存在しない場合でも精密単独測位法[注1]（PPP: Precise Point Positioning）と呼ばれる手法を用いることによって高精度に絶対的な座標値（緯度・経度・楕円体高度）を求めることもできる．

4-2 座標系の統一

　GNSSによる測量データの座標情報は緯度・経度・楕円体高といったグローバルな座標値として得られる．一方，GNSS以外の従来の測量手法（光波測距儀や平板測量など）では測量結果はローカルな相対座標値（基準点からの相対的な座標）として得られる．それら双方の測量データを用いて長期的な氷河変動を求める際には同一の座標系にそろえて計算をおこなう必要がある．もっとも簡単な方法は，ローカルな相対座標値としての測量データを，その不動点の位置をコントロールポイントとしてグローバルな座標値に変換することである．

4-3 GISへのデータ取り込み

　座標系を統一したそれぞれの時期の測量データから氷河変動（面積変化または体積変化）の解析をおこなうためには，点群の測量データを内挿法によってDEMと呼ばれる面的な地表面（氷河表面）高度データに変換する．従来は点群の測量データの高度の値を読み取り，等高線地形図を作成し，地形変化の解析がおこなわれていたが，現在ではGIS（地理情報システム：Geographic Information System）ソフトウェアにデータを取り込み，内挿法によってDEMを生成し，それによって地形解析を容易におこなうことができる．

5　氷河調査におけるGNSS技術活用の展望

　近年ではGNSSによる測位技術は，UAVによる飛行経路設定や撮影写真の位置情報の記録など，他の技術との連携で用いられることが多くなってきている．しかしながら依然として高標高の山岳地域での電源の確保は重要な作業の一つである．

　大型氷河の存在する氷食谷の谷底におけるGNSS信号の受信環境の問題は，各国におけるGNSS衛星の整備による利用可能な衛星数の増加によって改善されつつある．残念ながら日本の準天頂衛星システムみちびきは準天頂軌道と呼ばれる日本付近の経度帯のみを飛行する軌道を採用しているため，日本から離れた経度帯では利用が不可能だが，ヨーロッパ，中国，インドなど多くの国ぐにでGNSSの整備が進められており，GNSS信号の受信環境の改善が進められている．

【注】

1) 精密な衛星軌道情報と時計誤差情報，そして対流圏での水蒸気によるGNSS信号遅延のモデル化を組み合わせることによってセンチメートル＝スケールでの絶対座標を推定する手法．

【参照文献】

Aoki, T., Asahi, K. 1998. Topographical map of the ablation area of the lining glacier in the Langtang Valley, Nepal Himalaya. *Bulletin of Glacier Research* 16: 19-31.

Ageta, Y., Ohata, T., Tanaka, Y., Ikegami, K. and Higuchi, K. 1980. Mass balance of Glacier AX010 in Shorong Himal, East Nepal during the summer monsoon season. *Seppyo* 41: 34-41.

Fujita, K., Takeuchi, N. and Seko K. 1998. Glaciological observation of Yala Glacier in Langtang Valley, Nepal Himalayas, 1994 and 1996. *Bulletin of Glacier Research* 16: 75-81.

Fujita, K. and Nuimura, T. 2011. Spatially heterogeneous wastage of Himalayan glaciers. *Proceedings of the National Academy of Sciences of the United States of America* 108: 14011-14014.

Immerzeel, W. W., Kraaijenbrink, P. D. A., Shea, J. M., Shrestha, A. B., Pellicciotti, F., Bierkens, M. F. P., de Jong, S. M. 2014. High-resolution monitoring of Himalayan glacier dynamics using unmanned aerial vehicles. *Remote Sensing of Environment* 150: 93-103.

岩田修二　1997. 氷河学における地理学的方法―日本人によるヒマラヤ氷河研究のはじまり. 中村和郎編『地理学「知」の冒険』89-107. 古今書院 .

岩田修二　2011.『氷河地形学』東京大学出版会.

Kadota, T., Seko, K., and Ageta, Y. 1993. Shrinkage of Glacier AX010 since 1978, Shorong Himal, East Nepal. *IAHS Publication* 218: 145-154.

Kadota, T., Seko, K., Aoki, T., Iwata, S., and Yamaguchi, S. 2000. Shrinkage of the Khumbu Glacier, east Nepal from 1978 to 1995. *IAHS Publication* 264: 235-243.

Kraaijenbrink, P., Meijer, S.W., Shea, J. M., Pellicciotti, F., De Jong, S.M., Immerzeel, W. W. 2016. Seasonal surface velocities of a Himalayan glacier derived by automated correlation of unmanned aerial vehicle imagery. *Annals of Glaciology* 57: 103-113.

Naito, N., Kadota, T., Fujita, K., Sakai, A. and Nakawo, M. 2002. Surface lowering over the ablation area of Lirung Glacier, Nepal Himalayas. *Bulletin of Glaciological Research* 19: 41-46.

Nuimura, T., Fujita, K., Fukui, K., Asahi, K., Aryal, R. and Ageta, Y. 2011. Temporal changes in elevation of the debris-covered ablation area of Khumbu Glacier in the Nepal Himalaya since 1978. *Arctic, Antarctic, and Alpine Research* 43: 246-255.

Nuimura, T., Fujita, K., Yamaguchi, S. and Sharma, R. 2012. Elevation changes of glaciers revealed by multitemporal digital elevation models calibrated by GPS survey in the Khumbu region, Nepal Himalaya, 1992-2008. *Journal of Glaciology* 58: 648-656.

Nuimura, T., Fujita, K. and Sakai, A. 2017. Downwasting of the debris-covered area of Lirung Glacier in Langtang Valley, Nepal Himalaya, from 1974 to 2010. *Quaternary International* 455: 93-101.

土屋 淳・辻 宏道　2012.『GNSS測量の基礎』日本測量協会.

Watanabe, O., Fushimi, H., Inoue, J., Iwata, S., Ikegami, K., Tanaka, Y., Yoshida, M., and Upadhyay, B. 1980. Outline of debris cover project in Khumbu Glacier. *Seppyo* 41: 5-8.

Yamada, T., Shiraiwa, T., Iida, H., Kadota, T., Watanabe, T., Rana, B., Ageta Y. and Fushimi H. 1992. Fluctuations of the glaciers from the 1970s to 1989 in the Khumbu, Shorong and Langtang regions, Nepal Himalayas. *Bulletin of Glaciological Research* 10: 11-19.

....

《考えてみよう》
　　　この章で解説した測量の方法は，数 km から 10 km 四方くらいの範囲の測量に適している．もっと広範囲（数十 km から百 km 四方）や，反対に狭い範囲（数百 m 四方以下）では，どのような測量方法が適当だろうか．実際にはどのような方法が用いられているのだろうか．

縫村　崇行（ぬいむら＝たかゆき）　千葉科学大学講師　email:tnuimura@cis.ac.jp　1980 年横浜市生まれ．東京都立大学理学部地理学科卒業．同大学院理学研究科地理科学専攻修士課程修了．名古屋大学環境学研究科博士後期課程修了．博士（理学）．小学校・中学校時代から山登りが好きで大学ではワンダーフォーゲル部に所属．山登りをしながらできる研究ということで氷河地形，氷河に興味を持ち研究分野とすることになった．現地観測データに加えて GIS などのコンピュータ解析にも興味を持ち活用している．

巡検案内

東日本大震災を把握し共有するための地理学・地学巡検

小森 次郎

> 巡検とか見学旅行とか呼ばれる現地での見学は重要である．東日本大震災と原発事故を理解するための市民向けの巡検の実例をみよう．

キーワード：福島県浜通り，地震，津波，炭田，発電，第一原発

1　はじめに

　東日本大震災による死者・行方不明者数は，関連死も含めると2017年9月で2万2,000人を超える（消防庁2017）．さらに福島第一原子力発電所（以下「第一原発」とする）の事故は国内では過去最悪の原発事故であると同時に，自然と人為による複合災害としては人類が初めて経験した事故でもある．したがって，これほどのことを経験した私たちには，それらの事象の実態，原因，現状，将来を，その背景も含めて詳しく「把握」し，後世と「共有」する使命がある．

　そこで，私たちが今やるべきことの一つを提案したい．それは自然地理学を中心とした地理学や地学の視点でおこなう現地での巡検（見学旅行）への参加，または専門家や教育者であるならばその企画・実施である．ここでの「現地」は福島県浜通り地方の沿岸部である（巡検案内図-1）．この地域は東北地方太平洋沖地震と原発事故，さらに2011年4月11日の福島県浜通り地震（M=7.0の内陸型地震）の被災地である．筆者（小森）は，過去に担当した地理学の受講生と共同で，この地域の巡検を2015年8月から2年間で12回実施した．案内の対象は一般の市民や学生で，テーマには2011年の災害のほかに資源や電力も加えている．現地での見どころとそこでのポイントを，過去・現在・未来の時間軸にそって紹介する．地理学や地学を学ぶ者が多様な自然やそれらと背景との関係を考えるこ

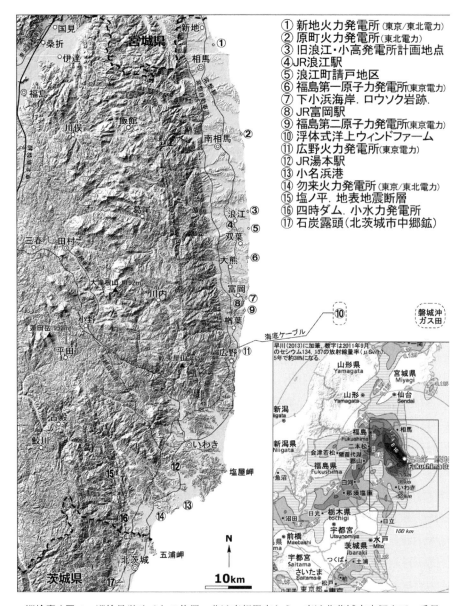

巡検案内図-1　巡検見学サイトの位置．北は南相馬市から，南は北茨城市中郷まで．番号は巡検の訪問順ではない．作図には国土地理院電子国土 Web を用いた．右下の挿入図は早川由紀夫氏による放射能汚染地図（早川 2013）．図内の黒枠は巡検案内図-1 の範囲を示す．

とは純粋に楽しいことであるとともに，そのような思考は，過剰な成長や近代化のしわ寄せが訪れるかもしれない今後の日本や世界において，とくに重要な意義があると考える．

2 常磐炭田

ここでの巡検では，地域の近代史や景観の成立を考える．明治時代から昭和40年代までの，現地を支えた石炭産出の痕跡は，常磐線からの引き込み線跡を使った曲線状の道路や不自然な側道の存在，コンクリート製の巨大な構造物として見ることができる（たとえばJR湯本駅北側の湯本川沿い）．その背景には，石炭を産する古第三系白水層群石城層の存在，首都圏との地理的関係，坑木や炭鉱住宅用の木材の供給源としての阿武隈高地，小名浜港と常磐線や旧森林鉄道の運輸インフラ，戦後のエネルギー市場の変化などがある．

巡検案内図-2　北茨城市中郷の石炭露頭．

石炭そのものは，いわき市内郷白水町のみろく沢炭鉱資料館で小規模な挟炭層を見ることができるが，さらに必見は北茨城市中郷の県道10号線十石トンネル近くの露頭である（巡検案内図-2）．厚さ約6 mのこの石炭露頭は上を流れる十石堀用水路（17世紀に開削）の存在によって炭鉱時代にも採掘から免れ，現在は用水路の分流から流れ落ちる水によって乾燥と酸化から守られ，偶然にも良好な状態が残されている．なお，露頭周辺は私有地で急斜面でもある．見学は茨城県北ジオパークのジオネット北茨城に相談してほしい．

3 火力発電所

浜通り地方には四つの火力発電所が存在するが，この巡検では広野火力発電所と勿来火力発電所を見学コースに含めている（巡検案内図-1の⑪と⑭）．広野火力発電所は太平洋側唯一の海底ガス田であった磐城沖ガス田（1984年から2007

年に稼働）の天然ガスの使用を前提に建設された．このガス田を含む地層は，日本海が拡大する前の時代の前弧海盆の堆積物で，同様の堆積盆は北方の三陸沖，石狩低地，宗谷地方に続くことがわかっている．一方，勿来火力発電所は常磐炭田の石炭の使用を前提に建設された．これは 1950 〜 60 年代のエネルギー革命による石炭需要の低迷を受けたものである．現在はどちらの発電所も輸入の石油，石炭を使用している．勿来火力発電所と北隣の小名浜を結ぶ国道 6 号線を常に大型ダンプが往復しているのは，発電所脇の海岸地形が遠浅なためタンカーが入れず，輸入石炭が小名浜港経由で運ばれているためである．以上のように，この二つの発電所については地形・地質の情報を含めることで，発電所の成立の背景や課題をより深く理解することができる．これらの発電所とさらに北側の新地火力発電所は福島県内にあるものの，東京電力専用，または東京電力と東北電力の共同火力発電所である．このことは，首都圏のエネルギー需要が関東以外の地方に負荷をかけているという事実を明確に示すものである．

4　東北地方太平洋沖地震と津波

浜通り周辺では放射能汚染の影響で復旧が滞り，福島第一原発から離れたところから徐じょに復興作業が進んでいるのが現状である．そのため 2015 〜 2016 年では JR 富岡駅周辺で，それ以降は JR 浪江駅周辺で，地震による被害跡を見学している．手つかずの被害状態は現在も大熊，双葉両町に残るが，一般の立ち入りは許可されていない．このほか顕著な痕跡としては，富岡町の小浜海岸の「ろうそく岩」の倒壊が挙げられる（巡検案内図-3）．風光明媚な海岸のため，震災前の写真もネット上で見ることができるが，それと現状を比較することで，岩石海岸の地形変化がこのような破局的な事象で一気に進行することを理解できる．

巡検案内図-3　現在の小浜海岸．倒壊した部分を白破線で示す．陸側（左側）の海食崖も後退した．2017 年 2 月撮影．

津波の被害としては，2017 年 8 月現在，浪江町請戸地区などで地形によ

る被害の差異や，津波堆積物を確認することができる．これらの状況は修復の方向へ日毎に変化しているので，ネット上の衛星画像やGoogleストリートビューを使って過去からの変化を追うことができる．

5 第一原発の事故

原発事故に関連する事物として，いわき市内では仮設住宅（巡検案内図-4）を，常磐自動車道と国道6号線沿いの車窓からは人影のない町なかでの除染作業，汚染土や廃棄物を入れたフレキシブル＝コンテナバッグ（通称「フレコンバック」）の集積，発災以降手が付けられていない住宅や植物の驚異的な繁茂などを見ることができる．メディアでは報じられないこれらの現実を前に，巡検参加

巡検案内図-4　いわき市中央台の新興住宅街にある応急仮設住宅（道路左側）．仮設住宅は条件付きで2018年度末まで使用が可能となった．2015年8月27日撮影．

者はさまざまな事を感じ考える．第一原発，第二原発，および計画が中止された浪江・小高原発の建設地選定については，政治的，経済的な理由のほかに，海に面した開発可能な土地の存在，内陸からは目隠しの役目となる海食崖の地形と地形改変が容易な軟岩の地質の存在，首都圏に対する風向き，といった立地の背景を考えることが重要であろう．首都圏に集まる送電線網の地図を配り，前述した電力の受益圏と発電所立地地域との関係を改めて理解してもらっている．火山学者の早川由紀夫氏は発災後早い時点で放射能汚染地図（通称「早川マップ」）を公開し，以後も改訂を続けているが，巡検でもこれを資料として配布している（巡検案内図-1右下）．この地図の作成は自然地理学・地学分野ではよく知られた降下火山灰の分布や堆積量を調査する手法の応用である．

6 福島県浜通り地震

2011年4月11日に発生した福島県浜通り地震では，地表地震断層が出現した．とくにいわき市田人町黒田塩ノ平では，小さな断層湖や斜面から尾根上まで続く

巡検案内図-5　地表地震断層．写真左側が沈降して手前の川が堰き止められている．2016年2月撮影．

小崖として明瞭に断層地形が残されている（巡検案内図-5）．この断層は既存の活断層マップにおいて井戸沢断層の西側のトレースとして記載されていたが（活断層研究会1991），1.5 km海側にある東側トレースにも変位があったことが，干渉SARを使い国土地理院などによって明らかにされている（山中ほか2011）．塩ノ平に出現した断層は2016年にいわき市の天然記念物として指定され，現在は観光資源として積極的に公開されている．断層露頭には鱗片状形態や条痕をもつ岩片，断層粘土などが見られるが採取はできない．巡検を盛り上げるためには，断層へ到着する前に参加者には目をつむってもらい，現地に立ったら目を開けて断層地形を探してもらう，といった工夫も有効である．

7　小水力発電

2015年以降，いわき市南西にある四時ダムでは，ダム下流への利水目的に放流していた水を使って，最大出力470 kWの小水力発電をおこなっている．事業主体は電力会社でも自治体でもなく，建設コンサルタントのグループ企業である．ダム湖自体は福島県の管理で，監査廊（監視用通路）の見学を受け付けている．たとえば堤体天端から下り，監査廊を経由して堤体の下流側脚部に出て，そのまま小水力発電所の対岸に至る行程も計画可能である．このダムはロックフィル式の堤体であるが，北東側（左岸側）の一部は地山をそのまま活かしてつくられている．さらに堤体の末端から川沿いに下り振り返るとすぐにダムが見えなくなる．この複雑なつくりは，四時川のこの辺りが穿入蛇行の地形であるためである．また，さらに下流の右岸（いわき市山玉町打越周辺）は典型的な河川争奪の地形になっている．一方，この付近は前述の井戸沢断層西側トレースの南方延長部である．断層の活動と河川争奪との関係を考えても周辺は興味深い地域である．

8 風力発電

　日本では，陸上風力発電の適地が少ない一方で，広い沿岸域を有するという地理的条件から洋上風力発電への期待は大きい．ただし，沿岸の海底地形が急で，台風などの極端な荒天があるという条件から，海底に固定するタイプの着床式風力発電よりも，海面に浮くタイプの浮体式の方が有望視されている．富岡町や楢葉町の海岸からは，沖合約 20 km にあるこの浮体式の発電設備が遠望できる（巡検案内図 -6）．これは福島洋上風力コンソーシアムによる浮体式洋上風力発電の実証研究事業「福島復興浮体式洋上ウィンドファーム」によるもので，設置された三つの風車の先端はいずれも高さ 100 m を超える．なお実証研究のサイト選定には，前述の磐城沖ガス田で得られた風況データが役にたった（土谷ほか 2011）．また，洋上の変電所から延びるケーブルは広野火力発電所の北側で陸揚げされ，既存の送電網につなげられているが，これも天然ガスの海底パイプラインのルートが活用されている．したがって，天然ガスのもととなった約三千万年前以降の地理・地質環境の変遷（当時の堆積盆の存在とその後の天然ガスを含む地層の形成）と，将来の日本のエネルギーを支える発電技術は間接的に結びついている，と考えることができる．

巡検案内図 -6　富岡駅近くから見る洋上風力の風車．手前にはフレコンバックと運搬用のトラックが映る．2016 年 6 月撮影．

【参照文献】

早川由紀夫　2013．放射能汚染地図 8 訂版（モノクロ簡略仕様）．http://kipuka.blog70.fc2.com/blog-entry-613.html（2017 年 11 月 9 日閲覧）

活断層研究会　1991．『新編 日本の活断層 分布図と資料』東京大学出版会．

消防庁　2017．平成 23 年（2011 年）東北地方太平洋沖地震（東日本大震災）の被害状況（平成 29 年 9 月 1 日現在）．http://www.fdma.go.jp/neuter/topics/houdou/h29/09/290908_houdou_1.pdf（2017 年 11 月 9 日閲覧）

土谷 学・石原 孟・福本幸成　2011．洋上風力発電導入に向けた洋上風況観測とそれに基づく標準乱流モデルの提案．日本風工学会誌 36：9-14．

山中雅之・野口優子・鈴木 啓・宮原伐折羅・石原 操・小林知勝・飛田幹男　2011．衛星合成開口レーダーを用いた平成 23 年（2011 年）東北地方太平洋沖地震に伴う地殻変動の検出．国土地理院時報 122：47-54.

小森　次郎（こもり＝じろう）　帝京平成大学准教授　e-mail: jiro.kom@gmail.com　1969 年東京都生まれ．地学系の学科を卒業後，ダム・発電所建設の地質調査業務に携わり，その後東京都立大学大学院へ．博士（理学）．熱いメンバーのいる専攻（地理科学）や研究室（環境変遷学）で，学問としての地学以外の面白さ，とくに自然地理学の視点の多様性に気づかされた．現在は講義と研究のほかに，一般向けの巡検，人力ボーリング，岩絵の具作りなどを通じて地学・地理学の普及にも奮闘中．著書に『登山道の安全を考える』（オフィスエム 共著），『極圏・雪氷圏と地球環境』（二宮書店 共著）ほか．

索引

ア 行

アイスコア　95
アッサムヒマラヤ　77, 81, 84
アパタニ族　78, 82,
我孫子市　130, 136
アベリストウィス大学　168, 172
　—の地理学教室　169
アラル海　93, 94
亜硫酸　208
アルパカ　63
アルマナック（衛星軌道情報）　217
アレキパ　64
アンタークティック＝コールド＝リバーサル
　161, 162
アンデネス　69
五百沢智也　192
イシク＝クリ湖　94
伊豆半島南部　59
一ノ目潟　159
イチュ　64, 68, 71
移動局　215
井戸沢断層　230
移動式牧畜　89, 98
移動による適応　100
稲敷市　128
イネ科草本　92, 94, 96, 97
イネの移植栽培　83
イベント地層　163
今西錦司　192, 200
イリ川　90, 92, 94, 96
イリ＝プロジェクト　90, 92
磐城沖ガス田　227
岩屑被覆層　193
ウェールズ　168
雨水 pH 値　207

埋め立て　130, 134-136, 139
埋立地　130, 131
永久凍土　112, 113, 115
永久プロット　35
英語　172
衛星測位技術　214
液状化　127
　—危険度マップ　136
　—の帯　134, 135, 138
　—ハザードマップ　128, 138
　—発生面積率　130, 133
　—被害　127-139
　—予測　128
オアシス農業　89
応用地理学　6
大町山岳博物館　195
男鹿半島　163
小浜海岸　228
温暖化　41

カ 行

海岸線　112, 115
海水準変動　108, 111, 114, 116
海中観察会　210
貝塚爽平　187
海底パイプライン　231
科学的特性マップ　123
学生の研究指導　173
カクネ里雪渓　191-201
　—学術調査団　196
攪乱　13-15, 17
火口　211
　溶岩を流出した—　211
　溶岩を流出しなかった—　211
下刻　210

火砕流堆積物　67-69
カザフスタン　92, 101
カザフ草原　89
火山　107
　―ガス　108
　―ガス警報　207
可視的な空間区分　58
鹿嶋市　131
鹿島槍ヶ岳　191
河川改修　128
河川争奪　230
香取市　128
滑落崖　14, 17, 20
神栖市　131
ガラス固化体　107
カランボ滝遺跡　170
灌漑農業　89, 93, 96
環境史　89-100
環境地理学　6
干渉SAR　230
乾燥期　95, 96, 98
干拓地　131
岩壁登降の練習　205
寒冷期　34, 95, 98
気候変動（晩氷期の）　161
基準局　215
希少種　16
北アルプス北部　23
旧河道　128, 130, 131, 133-135, 137, 138
旧湖沼　128, 130, 131, 133, 137
境界領域　9
胸高直径　48
峡谷　63-65, 69, 70
空間スケール　22
朽木　45, 47
グーディ, アンドリュー　2
熊本市南区　135
熊本平野　133, 134, 138
グリッドサイズ　219
クルグズスタン　88, 89
グレーシャーミルク　198

クレバス　199
群系レベル　60
クンブ氷河　218
珪藻化石　160
ケニア山　27, 30, 41
　―高山帯　31
　―の気温　32
　―の年降水量　31
見学旅行　225
研究費　101
現状分析班　92, 98, 100
元素分析　161
現存植生図　60
現地調査　58
原発ゼロ　122
コア　160
講義（基礎的知識の）　147
高原　63-66, 70
　―の誕生　67
高校生のフィールドワーク　203
洪水対策　147, 149, 152
光波測距儀　220
鉱物資源探査　109
谷底からの比高　48, 50
谷頭凹地　52
谷壁斜面　52
湖水位変動　94, 95
コタワシ　64, 69
　―の年降水量　64
古地理図　113-115
古地理変遷史　112, 114
固定ロープ　197
個別領域研究　3, 6
ゴンパ＝ランジョン谷　145, 148, 149
コルホーズ　99-101
コンサート　175
ゴンマ村　143, 146

サ行
採掘跡地　128, 131, 138, 139
最終氷期　114, 115

再処理工場　105
最先端の研究論文　174
砂丘　131, 133, 180, 181
砂州　133
冊子の配布　151
サマヴィル，メアリー　2
砂礫移動　39
三角州　179, 181
山岳ガイド　193, 197
山岳氷河の消滅　95
三七沢　209
酸素同位対比　95
ザンビア　170
山林の所有形態　55
ジオイド面　216
時空間スケール　110, 112-114, 118
時空間ダイアグラム　113
シコクビエ　82, 83
地震　108, 112, 163, 225
　　―イベント　162
地すべり　12-25
　　広義の―　13
　　―移動体　14, 20, 69
　　―生態系　13-25
自然史ダイアグラム　112, 125
自然地誌　58
自然地理学の主要な課題　2
自然地理学の現代的枠組み　3
自然堤防　134, 135, 138, 180, 181
自然の全体像　203
実験室の運営　172
四時（しとき）ダム　230
シームレス　1, 10
『写真と図でみる地形学』　187
砂利採取場　131-134, 138
宗教的信仰心　148
上方細粒化構造　162
終身雇用　174
住民の科学的知識　149
住民の自然観察　149
住民の認識・知識　142, 147, 148

集落分布　96
種組成レベル　60
十石堀用水路　227
ジュト　92, 98
シュノーケリング　211
ジューンガル帝国　97, 98
巡検案内　225
巡検見学サイト　226
小気候　59
小水力発電　230
小氷期　95, 96
情報伝達システム　154
常畑　82, 83
使用済み核燃料　105, 122
植生　13
　　南西斜面の―　207
　　モレーン間の―　28
　　―が復活　207
　　―構造　16
　　―遷移　14, 17, 20, 29
　　―地理学　46
　　―の侵入　42
　　―への影響　14
植被率　37
植物の侵入　29
植物の遷移　36
植物プランクトン　159, 165
除染作業　229
白川　134-136, 138
シラタケ沢　194, 198
ジロ（盆地）　78, 80, 81, 83
白馬岳　20
人為的な影響　56
信号受信環境　217
人工林　47, 48
侵食　107-109
新地火力発電所　228
森林火災　81
森林破壊　75, 76, 81, 164
　　人為による―　75, 164
水温躍層　159

水月湖の年縞研究　158
水蒸気爆発　205
水田　77, 78, 81, 83
数値標高データ　183, 184
スケッチ　189
スコリア　205, 210
炭焼　54
スノーブリッジ　193, 194, 197
図の表現　188
図や写真　187, 188
スラブ系移民　98
生態系サービス　6
石器　170
接近シナリオ　107
雪渓表面の融解量　199
セネキオ＝ケニオデンドロン　38-41
セネキオ＝ケニオフィトウム　34, 35, 37, 38, 41
世界の山岳地域　24
積雪　20, 21, 23
石炭露頭　227
全員参加の総合討論　150
遷急線　52, 54, 66
先駆的植物　28, 41, 208
先駆種　38, 39
　　―の拡大　40
扇状地　178, 182, 183
総合科学　9
総合学術調査　201
総合観測　197
測量　214
ソフト防災　142
ソフホーズ　99, 100
ソ連　98
　　―式の生産体制　99
　　―崩壊　99, 100

タ 行

大規模火砕流　125
大規模農業開発　98, 100
タイドプール　211
楕円体高　216

田植　83
卓状地　181
多雪地域　20, 24
楯状地　181
立山カルデラ砂防博物館　193
立山連峰の氷河　195
棚田　78, 81
多年性雪渓　191, 193, 195, 200
谷地形の観察　209
タービダイト層　162
炭化木片　79, 84
断層　108, 109, 112-114, 117
　　―露頭　230
単独測位　221
地下水　108, 116
地域自然の全体像　7
地域自然の構造　60, 61
地域社会内部の知識　153
地球研　90
地形営力論　183
地形学　188
地形学図　70
地形学の主要な関心　183
地形形成プロセス　53
地形種　182
地形スケール　65, 66
地形発達史　111, 113, 183
地形分類図　59
地形モデル　71
地形用語の分かりにくさ　182, 183
　　―解消する方策　184
地質学的概念モデル　110, 116, 117, 125
地質環境の長期安定性　108-110, 117, 118
地質構造発達史　111, 113
地生態学　2, 6
地生態圏　3
地図作成　214
地層処分　106-118, 122
　　―候補地　109, 110
　　―候補地選定　125
地中レーダー観測　193

索　引

地熱　109
チベット仏教　97
長人郎池　211, 212
『地理学のすすめ』3, 4
地理情報システム　184
柱状試料（コア）　160
沈降　109, 112
津波堆積物　229
津波の被害　228
ティータイム　172
定点カメラ観測　201
ディファレンシャル補正　215, 221
ティル　28
ティンダル氷河　28, 33, 35, 41
　　―周辺の地形学図　33
　　―の後退　34, 36
適地　123
テクニシャン　172, 174
データベース　109
テラス（棚）化　83
電子スピン共鳴　174
電力供給　216
ド村　143
ドイツ語　171
東京大学出版会　187
凍結融解作用　39, 41
統合研究　101
統合自然地理学　1-7,55,58,60,84,107-118,126, 139,212
　　中国での―　4
　　―の最終目的　7
　　―の枠組み　5
統合地理学　4, 84, 165
統合とは　11
動物　13, 16, 18, 24
土壌　29, 38, 41
　　―条件　40
　　―水分　38, 41
土石流堆積物　206
土地開発史　76, 77, 84
土地改変　74, 76, 84

土地条件別面積構成比　133
トチノキ　46
　　―戸木林　45, 50
　　―巨木林の立地環境　47, 48, 53
　　―の出現頻度　51
　　―の成立環境　54
　　―の分布　51
トチノミ　46, 48
トチモチ　46
利根川下流低地　128, 130, 135, 136
ドムカル村　141-143, 148-151, 153
トロル , カール　58

ナ 行

ナイルデルタ　179
中川　毅　158, 171
勿来火力発電所　227
雪崩涵養型雪渓　192
二次林　48
日本アルプス　23
　　―の隆起・侵食　175
認識
　　正しい―　151
　　断片的で不完全な―　151
認知度調査　147
熱水　108, 109
年縞堆積物　157-165
年層ラミナ　157
農耕民の移動　93, 98
農民　63, 65, 69
農牧複合　89, 96, 98

ハ 行

爆裂火口　205
ハザードマップ　137, 139
伐採　54, 55
八方山　16, 22, 23
話し合い（グループごとの）　147
ハノーファー　171
バルマ村　143
バロック時代の弦楽器　175

万能試験紙　208
人影のない町　229
氷河　28, 192, 214
　　―縮小　33
　　―の後退　30
氷河湖　141-154
　　ドムカル谷の―　145, 147
　　―調査の報告　147
氷期遺存種　19, 24
氷期・間氷期サイクル　111
氷食谷　68, 69
氷体　191-201
ヒョウの遺骸　34
標高　216
非利用地形　69, 70, 71
広野火力発電所　227
貧酸素水塊　159
プイカ　63, 64, 66
　　―における地形システム　66
　　―の地形　71
俯瞰的な視点　190
福島県浜通り　225
　　―地震　225, 229
腐植　29, 39, 41
浮体式洋上風力発電　231
不適地　123
ブナ　62
フューチャー＝アース　6
噴石　206
分子生物学　187
「不安定」な土地／場所　77, 84
風成塵　162
複合災害　225
分野横断　9
文理融合　10, 90, 139
ヘリクリスム＝シトリスビヌム　40, 41
ヘリコプター　197
防災知識　153
放射性炭素年代　158
　　―測定　79, 160
放射性廃棄物　106, 122
　　高レベル―　105-107, 116, 122
　　低レベル―　105, 106
放射能汚染　228
　　―地図　229
牧民　63, 65, 68
ボストン湖　95
幌延　110-118

マ 行
埋没根株　78, 81, 83
埋没腐植土層　74-84
前処理（年代測定の）　79
マール　159
見かけの意味と定義の齟齬　179, 180, 182
三宅高校　203, 212
三宅島　203-212
民族移動　75, 76
無人気象観測　201
村人たちの決意書　150
ムーラン　192, 198

ヤ 行
焼畑　81, 83
ヤンガードリアス　161, 162
優占種レベル　60
遊牧　89, 98
　　―国家　97
　　―集団　96
溶岩　211
　　―流　209
用語　177
　　地形学の―　177
　　地形―　178, 182
　　形態―　182
　　成因―　182
葉理　157

ラ 行
ライプニッツ応用物理学研究所　171
落葉広葉樹　47, 48
ラダーク　141-154

ラハール堆積物　206
ラハールの堆積速度　207
ランドスケープ＝エコロジー　58
理科の授業　203
リャマ　63, 64
隆起　107-109, 112
流動観測　191, 195, 197
流動速度　200
流動量　199
利用地形　69, 71
リルン氷河　219
林冠ギャップ　13
領域俯瞰　1, 7
ルイス氷河（ケニヤ山）　200
ルミネッセンス年代測定　168, 173
レー　142, 143
歴史班　92, 100
暦年代への標準換算表　158
レフュージア　18
ろうそく岩の倒壊　228
ロベリア＝テレキイ　38, 39, 41

ワ 行

ワークショップ（防災）　142-154
　氷河湖—　146, 154
　—の効果と課題　152
割れ目火口列　205

アルファベット

ACR（アンタークティック＝コールド＝リバーサル）　161
ALOS PRISM　145, 220
Cs-137（セシウム137）　160
DBH　48, 49, 51
DEM（digital elevation model）　218
　—の位置補正　219
DOP（dilution of precision）測位精度指標　217
DSM（数値表層モデル）　145
ESR（電子スピン共鳴）　174
GCP（ground control point）地上基準点　219
GIS（geographical information system：地理情報システム）　222
GLOF（氷河湖決壊洪水）　141, 145-149, 152, 153
GNSS（global navigation system）　214, 215
GPS（global positioning system）　198, 214
LAHDC（ラダーク山地自治開発評議会）　154
LEDeG　142, 146, 154
LIAG（ライプニッツ応用物理学研究所）　171, 173
pH値　208
PPP（precise point positioning：精密単独測位法）　221
SA（selective availability：選択利用性）　215
「SoKa帖」　189
SSD（ソリッドステート＝ドライブ）　217
UAV（unmanned aerial vehicle：無人航空機）　220
YD（ヤンガー＝ドリアス）　161
Y谷　47, 48, 51
　—の植生図　49
　—の地形学図　50

執筆者一覧 (掲載順)

岩田 修二	いわた＝しゅうじ	第1章, コラム1, コラム3
高岡 貞夫	たかおか＝さだお	第2章
水野 一晴	みずの＝かずはる	第3章
手代木 功基	てしろぎ＝こうき	第4章
磯谷 達宏	いそがい＝たつひろ	コラム2
苅谷 愛彦	かりや＝よしひこ	第5章
宮本 真二	みやもと＝しんじ	第6章
奈良間 千之	ならま＝ちゆき	第7章, 第10章
渡邊 三津子	わたなべ＝みつこ	第7章
小松 哲也	こまつ＝てつや	第8章
青山 雅史	あおやま＝まさふみ	第9章
池田 菜穂	いけだ＝なほ	第10章
山田 和芳	やまだ＝かずよし	第11章
塚本 すみ子	つかもと＝すみこ	エッセイ1
山田 周二	やまだ＝しゅうじ	第12章
小松 美加	こまつ＝みか	エッセイ2
福井 幸太郎	ふくい＝こうたろう	第13章
飯田 肇	いいだ＝はじめ	第13章
川澄 隆明	かわすみ＝たかあき	第14章
縫村 崇行	ぬいむら＝たかゆき	第15章
小森 次郎	こもり＝じろう	巡検案内

イラスト制作

興梠 千春 (こおろぎ＝ちはる) 1978年生まれ．東京都立大学理学部地理学科卒業．旅のある暮らしに憧れ，卒業後，趣味で描いていた似顔絵を仕事に．自治体や企業のイベント，ショッピングモールで似顔絵を描く．2004年，テレビ東京『TVチャンピオン似顔絵選手権』で優勝．現在は，愛車の軽キャンピングカーに乗り，日本各地の人びと，自然との出会いを求めて仕事やプライベートで1年の半分近くを旅に暮らす．

編 者

岩田　修二（いわた－しゅうじ）　第1章, コラム1, コラム3担当　東京都立大学名誉教授
e-mail:iwata_s@mac.com　1946年神戸市生まれ．明治大学文学部・東京都立大学大学院理学研究科で地理学を学ぶ．理学博士．少年時代から六甲山を歩き, 山が好きになり, 学生時代には南部パタゴニア氷原を横断し, 氷河に関心をもった．卒業研究で白馬岳高山帯の自然のすべてを知りたいと思ったのが統合自然地理学のはじまり．著書に『世界の山やま』（古今書院共編著）, 『山とつきあう』（岩波書店）, 『氷河地形学』『統合自然地理学』（ともに東京大学出版会）．

書　名	**実践 統合自然地理学** ―あたらしい地域自然のとらえ方―
コード	ISBN978-4-7722-4207-3
発行日	2018（平成30）年7月11日　初版第1刷発行
編著者	統合自然地理学研究会　岩田修二 責任編集 Copyright ©2018　Research Group for Integrated Physical Geography Editor in Charge: Shuji IWATA
発行者	株式会社 古今書院　橋本寿資
印刷所	三美印刷 株式会社
製本所	三美印刷 株式会社
発行所	**古今書院**　〒101-0062 東京都千代田区神田駿河台2-10
TEL/FAX	03-3291-2757 ／ 03-3233-0303
振　替	00100-8-35340
ホームページ	http://www.kokon.co.jp/　検印省略・Printed in Japan

KOKON フィールドノート、昨年大好評だった「さくら」と新たに「かえる」と「グリーン」の2種類が登場！

各 400 円＋税

グリーン　さくら　かえる

表紙　　　　　　　裏表紙

KOKON フィールドノート

・さくら
表面は落ち着いた桃色の背景と桜のイラストで春をイメージ。入学祝、卒業記念のプレゼントにオススメです！

・かえる
最初のページにフィールドノートの使い方が書かれているので、初めて使う方でも安心。カエルのイラスト付きです！

・グリーン
フィールドノートは「緑」派の方に！普段使いにもオススメです。

☆他にもさまざまな色を取り扱っています！
- 黄色
- ネオンレッド
- もみじ
- ブラック×レッド
- レッド
- ライトグリーン
- ブルー
- 藍色

各 400 円＋税

＊サイズ：天地 17.5 センチ × 左右 10.5 センチ。
＊フィールド調査に便利な 2 ミリ方眼，10 ミリごとの太線
＊表紙は，ホワイトボードマーカーで書き消し可能

←Amazon からもご購入いただけます！

古今書院　〒101-0062　東京都千代田区神田駿河台 2-10　TEL 03-3291-2757
詳細はホームページにて http://www.kokon.co.jp　FAX 03-3233-0303